ERDAS 遥感影像处理基础实验教程

赫晓慧　贺　添　郭恒亮　姚志宏　编

黄河水利出版社
·郑州·

图书在版编目(CIP)数据

ERDAS 遥感影像处理基础实验教程/赫晓慧等编.—郑州:黄河水利出版社,2014.3
ISBN 978-7-5509-0749-2

Ⅰ.①E… Ⅱ.①赫… Ⅲ.①遥感图像-数字图像处理-应用软件-高等学校-教材 Ⅳ.①TP751.1

中国版本图书馆 CIP 数据核字(2014)第 047221 号

策划编辑:李洪良 电话:0371-66026352 E-mail:hongliang0013@163.com

出 版 社:黄河水利出版社 网址:www.yrcp.com
地址:河南省郑州市顺河路黄委会综合楼 14 层 邮政编码:450003
发行单位:黄河水利出版社
发行部电话:0371-66026940、66020550、66028024、66022620(传真)
E-mail:hhslcbs@126.com
承印单位:河南地质彩色印刷厂
开本:890 mm×1 240 mm 1/32
印张:5.25
字数:151 千字 印数:1—1 000
版次:2014 年 3 月第 1 版 印次:2014 年 3 月第 1 次印刷

定价:18.00 元(含光盘)

前　言

地理信息系统(GIS)、遥感(RS)与全球定位系统(GPS)是地理空间技术的三大核心内容。随着对地观测技术的迅速发展,遥感影像正不断地扩展人们的视野,在社会生活的许多行业发挥着越来越重要的作用。

由于遥感影像的类型不断增加,内容不断丰富,遥感影像的处理软件也不断涌现。在众多的遥感影像处理软件中,ERDAS 软件功能强大,市场占有率高,应用范围广,所以本教程选取 ERDAS 作为学生实习的处理软件。

本实验教程在郑州大学、华北水利水电大学多年遥感课程教学的基础上编写而成,目的在于基础培训,即针对地理信息科学、遥感科学与技术及相关专业本科生、专科生在进行遥感基础理论学习时的实际需求,辅以该教程进行同步实践,以实现学生在初级学习阶段对遥感的快速理解,提高实际操作能力。

本教程共包括 11 章。本书由郑州大学赫晓慧、贺添、郭恒亮和华北水利水电大学姚志宏编写,由赫晓慧统稿。研究生马国军、蒲欢欢、韦原原、郑东东、郑紫瑞等做了大量的数据处理和文字整理工作,特此致谢。

本教程在编写过程中,得到了郑州大学地理信息工程系同仁的大力支持和帮助,在此一并致谢。

本教程受以下项目资助:国家自然科学基金(项目编号:41101095)、中国气象局农业气象保障与应用技术重点开放实验室开放研究基金项目(AMF201301)。

由于时间仓促,加之编者专业水平有限,书中难免出现错漏之处,敬请读者不吝赐教。

编　者

2014 年 2 月

目录

第1章 ERDAS简介

ERDAS IMAGINE是美国ERDAS公司开发的专业遥感图像处理与地理信息系统软件。ERDAS公司作为一个遥感软件公司创建于1978年,总部设在美国佐治亚洲的亚特兰大市。目前,该公司已经发展成为世界上最大的专业遥感图像处理软件公司,市场占有率为46%,在全球遥感处理软件市场排名第一,在GIS软件市场排名第九,在三维可视化分析领域更是在功能与理念上一路领先。

ERDAS IMAGINE以其先进的图像处理技术,友好、灵活的用户界面和操作方式,面向广阔应用领域的产品模块,服务于不同层次用户的模型开发工具以及高度的RS/GIS(遥感图像处理和地理信息系统)集成功能,为遥感及相关应用领域的用户提供了内容丰富而功能强大的图像处理工具,代表了遥感图像处理系统未来的发展趋势。其软件处理技术覆盖了图像数据的输入/输出,图像增强、纠正、数据融合以及各种变换、信息提取、空间分析/建模以及专家分类、ArcInfo矢量数据更新、数字摄影测量与三维信息提取,硬拷贝地图输出、雷达数据处理、三维立体显示分析。IMAGINE软件可支持所有的UNIX系统,以及PC机的Microsoft Windows2000 Professional(需Pack 2)、Windows XP Professional操作系统。其应用领域包括科研、环境监测、气象、石油矿产勘探、农业、医学、军事(数字地理战场、解译等)、通信、制图、林业、自然资源管理、公用设施管理、工程、水利、海洋、测绘勘察和城市与区域规划等。

通过与著名的GIS厂商ESRI公司的战略合作,ERDAS公司在与GIS完整集成的IMAGINE系列软件之外,同时开发基于ArcView GIS V8.x的图像分析模块——Image Analysis和Stereo Analyst两个扩展模块,向用户提供GIS/RS一体化的解决方案。本书中所牵涉的所有操作,均以ERDAS IMAGINE 9.2版本为例。

1.1 ERDAS IMAGINE 的结构

ERDAS IMAGINE 是以模块化的方式提供给用户的，面向不同需求的用户，对于系统的扩展功能采用开放的体系结构，以 IMAGINE Essentials、IMAGINE Advantage、IMAGINE Professional 的形式为用户提供了低、中、高三档产品架构，并有丰富的功能扩展模块供用户选择，使产品模块的组合具有极大的灵活性。

1.1.1 IMAGINE Essentials 级

IMAGINE Essentials 包括制图和可视化核心功能的影像工具软件。无论是独立地从事工作或是处在企业协同计算的环境下，都可以借助 IMAGINE Essentials 完成二维/三维显示、数据输入、排序与管理、地图配准、制图输出以及简单的分析。可以集成使用多种数据类型，并在保持相同的易于使用和易于剪裁的界面下升级到其他的 ERDAS 公司产品。

可扩充模块：

Vector：直接采用了 ESRI 公司的 ArcInfo 数据结构 Coverage，建立、显示、编辑和查询 ArcInfo，完成拓扑关系的建立及修改矢量和光栅图像的双向转换等。

Virtual GIS：实时 3D 方式的贯穿飞行模拟和 GIS 分析。

Developer's Toolkit：ERDAS IMAGINE 的 C 程序接口，ERDAS 的函数库，以及程序设计指南。

1.1.2 IMAGINE Advantage 级

IMAGINE Advantage 级是建立在 IMAGINE Essential 级基础之上的，增加了更丰富的图像光栅 GIS 和单片航片正射校正等强大功能的软件。IMAGINE Advantage 提供了灵活可靠的用于光栅分析、正射校正、地形编辑及先进的影像镶嵌工具。简而言之，IMAGINE Advantage 是一个完整的图像地理信息系统（Imaging GIS）。除了 Essential 级扩

充模块外,可扩充模块:

Radar 模块:雷达影像的基本处理。

OrthoMAX:多功能、高性能的数字航测软件, 立体像对、正射校正、自动 DEM 提取、立体地形显示及浮动光标方式的 DEM 交互编辑等。

OrthoBase:区域数字影像正射纠正。

OrthoRadar:可对 RadarSat、ERS 雷达影像进行正射纠正。

StereoSAR DEM:以立体方法从雷达图像数据中提取 DEM。

IFSAR DEM:以干涉从雷达图像数据中提取 DEM(正处于测试中)。

ATCOR2:大气校正和雾曦消除。

1.1.3 IMAGINE Professional 级

IMAGINE Professional 级面向从事复杂分析,需要最新和最全面处理工具,经验丰富的专业用户。Professional 是功能完整丰富的地理图像系统。除 Essentials 和 Advantage 包含的功能外,IMAGINE Professional 还提供轻松易用的空间建模工具(使用简单的图形化界面)、高级的参数/非参数分类器、分类优化和精度评定,以及雷达分析工具。它是最完整的制图和显示、信息提取、正射校正、复杂空间建模和尖端的图像处理系统。

除 Essential 和 Advantage 级扩充模块外,可扩充模块:

Subpixel Classifier:子象元分类器利用先进的算法对多光谱影像进行信息提取,可达到提取混合像元中占 20% 以上物质的目标。

Expert Classifier:基于知识库的专家分类器,可提高分类的精度。

1.2 ERDAS IMAGINE 主要菜单命令及其功能

1.2.1 Session(综合菜单)

完成系统设置、面板布局、日志管理、启动命令工具、批处理过程、实用功能、联机帮助等。主要包括：

Preferences：设置系统默认值。

Configuration：配置外围设备。

Session Log：查看实时记录。

Active Process List：当前运行处理操作。

Commands：启动命令工具。

Enter Log Message：向系统综合日志（Session Log）输入文本信息。

Start Recording Batch Commands：启动批处理工具。

Open Batch Command File：打开批处理命令文件。

View Offline Batch Queue：查看批处理队列。

Flip Icons：确定图标面板的水平或垂直显示状态。

Tile Viewers：平铺排列两个以上已经打开的窗口。

Close All Viewers：关闭当前打开的所有窗口。

Main：进入主菜单，启动图标面板中所包括的所有模块。

Tools：进入工具菜单。

Utilities：进入实用菜单。

Help：打开帮助文档。

Properties：系统特性，配置模块。

Generate system information report：生成系统报告。

Exit IMAGINE：退出 ERDAS IMAGINE 软件环境。

1.2.2 Main（主菜单）

启动 ERDAS 图标面板中包括的所有功能模块。主要包括：

Start IMAGINE Viewer：启动 ERDAS 窗口。

Import/export：启动输入输出模块。

Data preparation：启动预处理模块。

Map composer：启动专题制图模块。

Image interpreter：启动图像解译模块。

Image catalog：启动图像库管理模块。

Image classification：启动图像分类模块。

Spatial modeler:启动空间建模模块。

Vector:启动矢量功能模块。

Radar:启动雷达图像处理模块。

Virtual GIS:启动虚拟 GIS 模块。

Subpixel classifier:启动子象元分类模块。

DeltaCue:启动动态监测模块。

Stereo analyst:启动三维立体分析模块。

Imagine autosync:启动影像自动配准模块。

1.2.3 Tools(工具菜单)

完成文本编辑、矢量\栅格数据属性编辑、图像文件坐标变换、注记及字体管理、三维动画制作。主要包括:

Edit text file:编辑 ASCII 文件。

Edit raster attributes:编辑栅格文件属性。

View binary data:查看二进制文件。

View IMAGINE HFA file structure:查看 ERDAS 层次文件结构。

Annotation information:查看注记文件信息,包括元素数量与投影参数。

Image information:查看栅格图像信息。

Vector information:查看矢量图形信息。

Image commands tool:设置命令操作环境。

Coordinate calculator:坐标系统转换。

NITF Metdata viewer:查看 NITF 文件的元数据。

Creat/display movie sequences:产生和显示一系列图像画面形成的动画。

Creat/display viewer sequences:产生和显示一系列窗口画面组成的动画。

Image Drape:以 DEM 为基础的三维图像显示与操作。

DPPDB Workstation:输入和使用 DPPDB 产品。

1.2.4 Utilities(实用菜单)

完成多种栅格数据格式的设置与转换、图像的比较。

1.2.5 Help(帮助菜单)

启动联机帮助、查看联机文档等。

练习题

1.请搜索国内外的著名遥感软件,并对它们的主要功能、特点进行对比。

2.体验 ERDAS 的 GIS 功能,并列出与 ARCGIS 软件的相同功能与区别。

第2章 遥感图像认知实验

2.1 实习内容及要求

近年来,遥感技术不断发展,遥感对地观测已经形成一个多平台、多传感器、多角度的综合体系。人们获取遥感影像,在空间分辨率、时间分辨率、光谱分辨率、波段数等方面都有了更多的选择,这就需要根据具体的应用需求选择合适的遥感影像数据。

通过本次实验,应掌握以下内容:

(1)了解遥感卫星数字影像的差异。

(2)掌握查看遥感影像相关信息的基本方法。

2.2 遥感图像文件信息查询

2.2.1 实验原理

遥感图像的文件信息包括图像的图层信息、统计信息、投影坐标信息以及图像的边界点信息等。查看遥感图像的文件信息可以对遥感图像的质量、范围等进行初步的了解。

2.2.2 实验数据

郑州市 Google Earth 影像数据。

文件路径:chap2/Ex1。

文件名称:zjs. img。

2.2.3 实验过程

(1)启动 ERDAS,单击“Viewer”图标,弹出 Viewer #1 视窗。

(2)在菜单栏中选择“File | Open | Raster Layer”,按照数据存放路径找到“zjs. img”,打开(见图 2-1)。

图 2-1　加载 zjs. img 后的 Viewer 视窗

(3)在工具条中选择,单击,打开 ImageInfo 窗口(见图 2-2)。

(4)General 选项卡下可以查看该影像文件的文件信息、统计信息和坐标系信息等。

(5)切换到 Project 选项卡也可以查看影像文件的投影信息(见图 2-3)。

(6)Histogram 选项卡下,查看影像文件的直方图信息(见图 2-4)。在工具栏中单击图标,可以查看影像文件不同图层的直方图信息。

(7)Pixel Data 选项卡下可以查看影像文件的每一个像元的亮度值(见图 2-5)。

ImageInfo (zjs.img)
File Edit View Help
1 Layer_1
General | Projection | Histogram | Pixel data

File Info:
Layer Name: Layer_1 File Type: IMAGINE Image
Last Modified: Sun Nov 03 19:27:58 2013 Number of Layers: 3
Image/Auxiliary File(s) All File Size: 0.49 MB

Layer Info:
Width: 579 Height: 219 Type: Continuous
Block Width: 64 Block Height: 64 Data Type: Unsigned 8-bit
Compression: None Data Order: BIK
Pyramid Layer Algorithm: No pyramid layers present

Statistics Info:
Min: 0 Max: 255 Mean: 108.542
Median: 102 Mode: 255 Std. Dev: 72.380
Skip Factor X: 1 Skip Factor Y: 1
Last Modified: Sun Nov 03 19:27:59 2013

(File)
Map Info (Pixel Center):
Upper Left X: 12655006.459118670 Upper Left Y: 4131840.49539211390
Lower Right X: 12656494.3706356940 Lower Right Y: 4131279.31077150670
Pixel Size X: 2.57 Pixel Size Y: 2.57
Unit: meters Geo. Model: Map Info

Projection Info:
Projection: UTM, Zone 49
Spheroid: WGS 84
Datum: WGS 84

Display the layer histogram...

图 2-2 ImageInfo 窗口

General | Projection | Histogram | Pixel data

Projection Type: UTM
Spheroid Name: WGS 84
Datum Name: WGS 84
UTM Zone: 49
NORTH or SOUTH: North

图 2-3 ImageInfo 视窗下查看投影信息

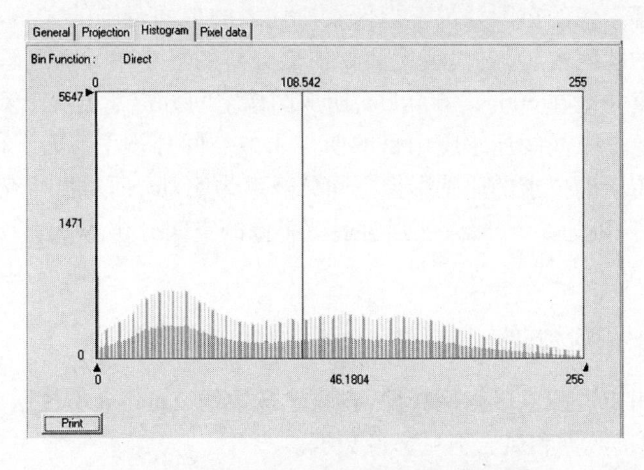

图 2-4 ImageInfo 视窗下查看直方图信息

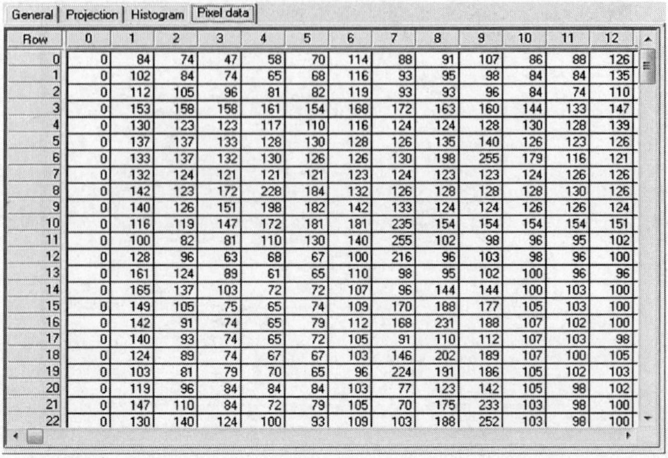

General | Projection | Histogram | Pixel data

Row	0	1	2	3	4	5	6	7	8	9	10	11	12
0	0	84	74	47	58	70	114	88	91	107	86	88	126
1	0	102	84	74	65	68	116	93	95	98	84	84	135
2	0	112	105	96	81	82	119	93	93	96	84	74	110
3	0	153	158	158	161	154	168	172	163	160	144	133	147
4	0	130	123	123	117	110	116	124	124	128	130	128	139
5	0	137	137	133	128	130	128	126	135	140	126	123	126
6	0	133	137	132	130	126	126	130	198	255	179	116	121
7	0	132	124	121	121	121	123	124	123	123	124	126	126
8	0	142	123	172	228	184	132	126	128	128	128	130	126
9	0	140	126	151	198	182	142	133	124	124	126	126	124
10	0	116	119	147	172	181	181	235	154	154	154	154	151
11	0	100	82	81	110	130	140	255	102	98	96	95	102
12	0	128	96	63	68	67	100	216	96	103	98	96	100
13	0	161	124	89	61	65	110	98	95	102	100	96	96
14	0	165	137	103	72	72	107	96	144	144	100	103	100
15	0	149	105	75	65	74	109	170	188	177	105	103	100
16	0	142	91	74	65	79	112	168	231	188	107	102	100
17	0	140	93	74	65	72	105	91	110	112	107	103	98
18	0	124	89	74	67	67	103	146	202	189	107	100	105
19	0	103	81	79	70	65	96	224	191	186	105	102	103
20	0	119	96	84	84	84	103	77	123	142	105	98	102
21	0	147	110	84	72	79	105	70	175	233	103	98	100
22	0	130	140	124	100	93	109	103	188	252	103	98	100

图 2-5　ImageInfo 窗口下查看像元亮度值

2.3　空间分辨率

2.3.1　实验原理

遥感影像的空间分辨率指像素所代表的地面范围的大小，也就是扫描仪的瞬间视场，它代表地面物体能分辨的最小单元。遥感卫星的飞行高度一般在 600 ~ 3 600 km，所成图像空间分辨率也从千米级到分米级不等。不同的遥感应用目的所需求的空间分辨率各有不同，例如研究洋流活动要求的遥感影像空间分辨率为 5 km，而对城市交通密度分析而言，则为 5 m，所以加强对遥感影像的空间分辨率认识具有重要意义。

2.3.2　实验数据

郑州市资源卫星影像数据、谷歌地球数据、Landsat 8 数据、鹤壁市 ALOS 卫星数据和风云卫星影像数据。

文件路径：chap2/Ex2。

数据名称：zdxq1. img ，zdxq2. img，TM4. img，TM8. img，alos. img，fy3a_mersi. img。

2.3.3 实验过程

(1)在多个 Viewer 视窗中分别打开 zdxq1. img、zdxq2. img(RGB 通道分别选择图层 1、2、3，参考 3.5 节)、alos. img、TM8. img、TM4. img 和 fy3a_mersi. img(见图 2-6)。

(2)图 2-6(a)为资源卫星影像，其空间分辨率为 10 m，影像有比

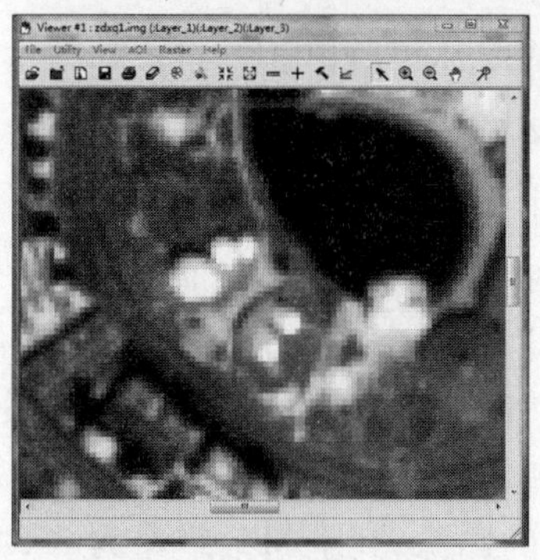

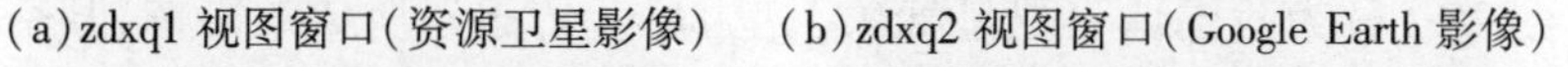

(a)zdxq1 视图窗口(资源卫星影像)　(b)zdxq2 视图窗口(Google Earth 影像)

(c)TM4 视图窗口(Landsat 8 第 4 波段)　(d)TM8 视图窗口(Landsat 8 全色波段)

图 2-6　空间分辨率对比

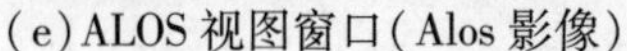

(e) ALOS 视图窗口(Alos 影像)

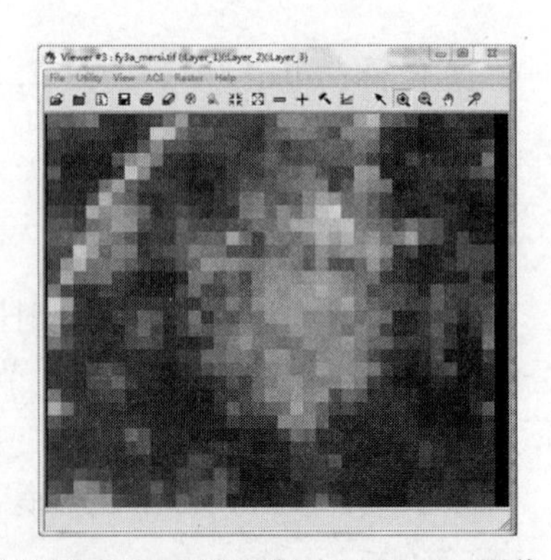

(f) fy3a_Mersi 视图窗口(风云 3A 影像)

续图 2-6

较清晰的地物结构;图 2-6(b)为 Google Earth 上的郑州某地影像,其空间分辨率在 1 m 左右,影像中能够清晰识别到公路上的汽车。图 2-6(c)为 Landsat 8 卫星第 4 波段影像,其空间分辨率为 30 m,与 10 m 的资源卫星影像相比,其对地物结构反映能力要差,与图 2-6(d)的 Landsat 8 全色波段(第 8 波段,空间分辨率为 15 m)相比也是如此。图 2-6(e)为日本 Alos 卫星在河南鹤壁所成的影像,其空间分辨率为 2.5 m。图 2-6(f)为我国风云卫星气象卫星 Mersi 传感器所成的影像,其空间分率为 250 m。

(3)在 Viewer #1 中选择“Utility | Inquire Cursor”,打开 Inquire Cursor 对话框(见图 2-7)。打开窗口的同时可以看到在 Viewer #1 窗口中出现十字丝,在 Inquire Cursor 对话框中显示的就是十字丝交点的像元信息。拖动十字丝就可以查询不同点的信息,如坐标、灰度值等。

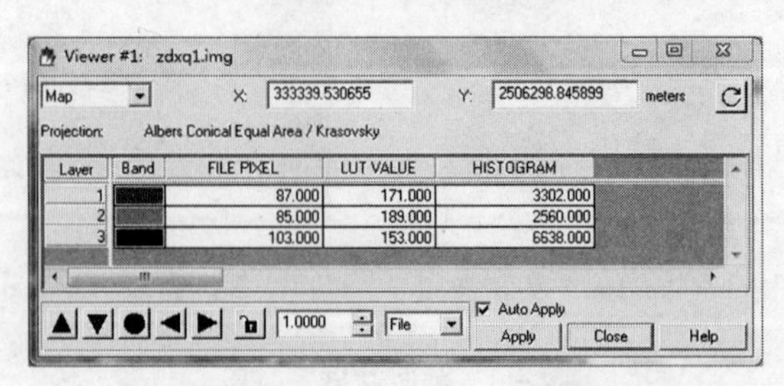

图 2-7 Inquire Cursor 对话框

(4)利用光标查询功能,可以获取目标地物的像素个数。例如在 Viewer #2 窗口中拖动十字光标的位置,使其分别位于典型目标地物的两端,从 Inquire Cursor 对话框中读取相对应的像素坐标,对比就可以获取该地物在 X 以及 Y 方向所占的像素个数。利用该方法估计 Viewer #2 中影像分辨率小于 1 m。

2.4 遥感影像纹理结构认知

2.4.1 实验原理

遥感影像的纹理是指遥感影像通过色调或者颜色有规律变化呈现的纹路,这种细纹或者微小的图案在某一确定的图像区域中以一定的规律重复出现。纹理可以作为区别地物属性的重要依据。

2.4.2 实验数据

郑东新区资源卫星影像和谷歌地球影像。

文件路径:chap2/Ex2。

文件名称:zdxq1. img ,zdxq2. img。

2.4.3 实验过程

对实验数据进行纹理增强:

(1)选择"Main | Image Interpreter | Spatial Enhancement | Texture"命令,打开 Texture 对话框(见图 2-8)。

(2)确定输入遥感影像。

(3)确定输出影像的路径及名称。

(4)点击"OK",执行纹理增强(其他参数保持默认)。

得到纹理增强后的影像如图 2-9 所示。纹理增强的主要功能,在于提取地物的边界与轮廓,对比分析后发现 zdxq2. img(谷歌地球影像)的纹理结构要比 zdxq1. img(资源卫星影像)要丰富细腻得多,能够看出地物的细节变化,而资源卫星影像纹理增强后只能粗略分辨较大地物的轮廓。

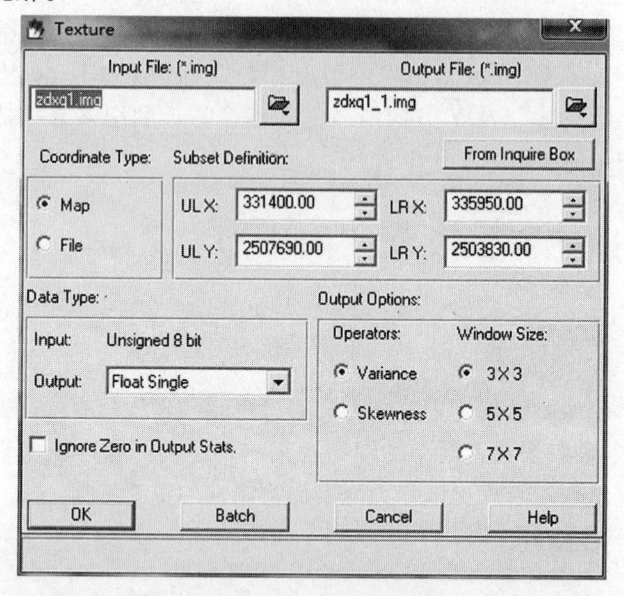

图 2-8　纹理增强对话框

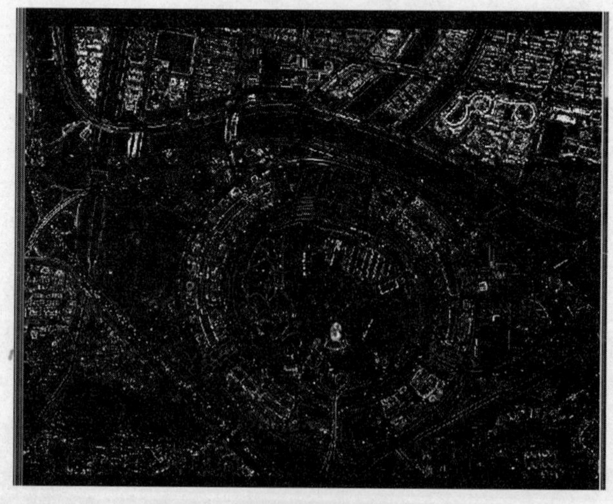

图 2-9　纹理增强后的影像对比

续图 2-9

2.4.4 纹理分析的应用

从影像解译的观点来看，一个物体的空间特征往往是鉴别该物体极为重要的特征；空间特征包括物体的大小、形状、纹理或线性特征，但是空间特征还不能达到光谱特征的有效利用水平。

纹理是一种反映一个区域中像素灰度级的空间分布的属性，我们可以通过基于灰度值的矩阵运算建立纹理统计指标，计算影像中像元与像元、像元与整体影像之间的空间关系。高分辨率影像可以建立极好的纹理统计空间关系，图 2-10 显示了利用 10 m 分辨率的 spot 影像，基于纹理特征统计信息的黄河三角洲围网养殖区提取结果。

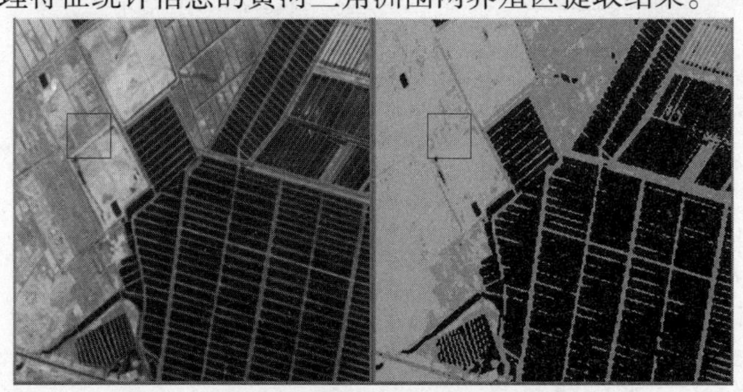

图 2-10　基于纹理特征的围网养殖区分类结果

2.5 色调信息认知

2.5.1 实验原理

遥感影像的色调是影像中画面色彩的总体倾向或图像的相对明亮程度。色调是识别地物的基本依据,根据遥感影像的色调特点可以找到目标地物,也可以区分不同的地物类型。

2.5.2 实验数据

Landsat 8 影像数据。

文件路径:chap2/Ex3。

文件名称:landsat 8. img。

2.5.3 实验过程

不同波段组合的遥感影像色调信息。

(1)在 Viewer #1 视窗中打开 landsat 8. img。

(2)在 Viewer #1 视窗的菜单栏中选择"Raster | Band Combinations",打开 Set Layer Combinations 窗口(见图 2-11)。

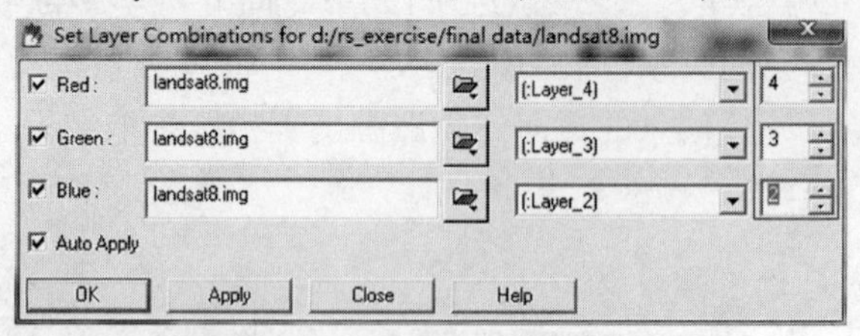

图 2-11 Set Layer Combinations 窗口

(3)在 RGB 通道内分别对应不同的 Landsat 8 波段,观察 Viewer #1 视窗中遥感影像的色调差异。

真彩色合成:在 RGB 对应的通道内分别设置 Landsat 8 的 4、3、2 波段(见图 2-12(a))。这种组合合成图像的色彩与原地区或景物的实际色彩一致,适合于非遥感专业人员使用。

标准假彩色合成:在 RGB 对应的通道内分别设置 Landsat 8 的 5、4、3 波段,获得图像植被呈现红色,由于突出表现了植被的特征,应用十分广泛(见图 2-12(b))。

(a)RGB 对应 4、3、2 波段

(b)RGB 对应 5、4、3 波段

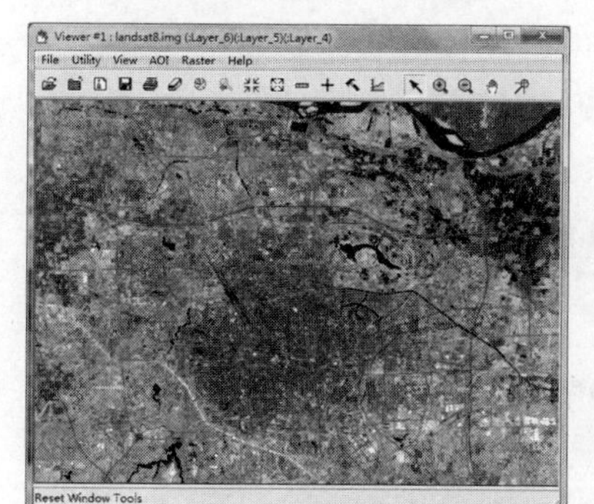

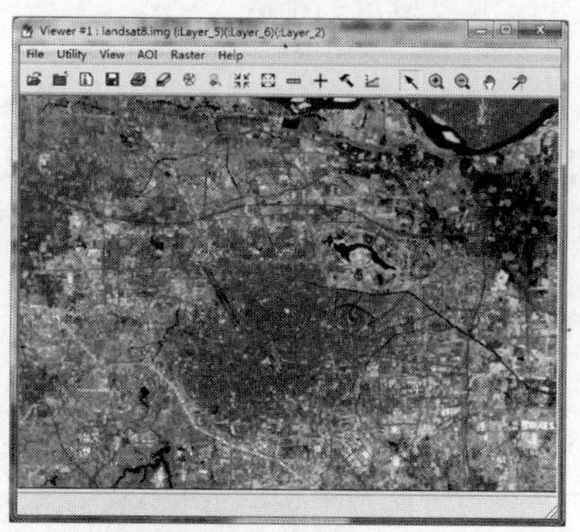

(c)RGB 对应 6、5、4 波段

(d)RGB 对应 5、6、2 波段

图 2-12 不同波段组合的色调信息

其他假彩色合成:

在 RGB 对应的通道内分别设置 Landsat 8 的 6、5、4 波段(见图 2-12(c)),合成的影像利于提取水体的边界。

在 RGB 对应的通道内分别设置 Landsat 8 的 5、6、2 波段(见图 2-12(d)),这是信息量最丰富的组合。

2.6 遥感影像特征空间分析

2.6.1 实验原理

遥感影像特征空间就是每两个波段间的相关性。特征空间影像是一个二维直方图,图形的形状可以说明两个波段相关性的强弱。如果特征空间图长而狭窄,认为相关性强,反之则认为相关性较弱。

2.6.2 实验数据

河南省鹤壁市 ALOS 卫星影像。

文件路径:chap2/Ex4。

文件名称:alos. img。

2.6.3 实验过程

(1)在图表面板上单击"Classifier"图标,选择"Signature Editor",打开 Signature Editor 面板(见图 2-13)。

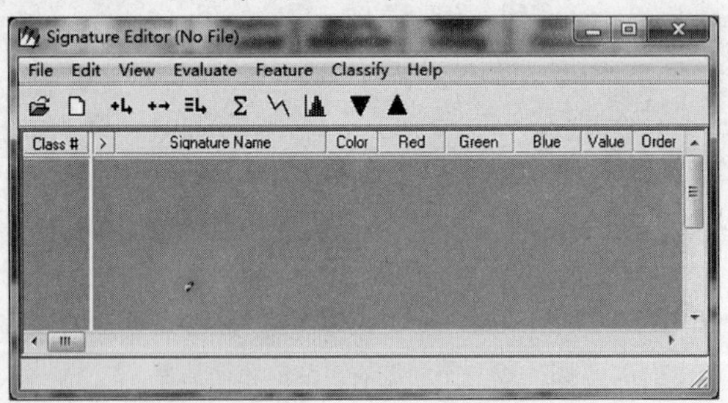

图 2-13 Signature Editor 面板

(2)选择"Feature | Create | Feature Space Layers",打开 Create Feature Space Images 面板(见图 2-14)。

(3)确定输入数据:在数据存放目录下选择 alos. img。

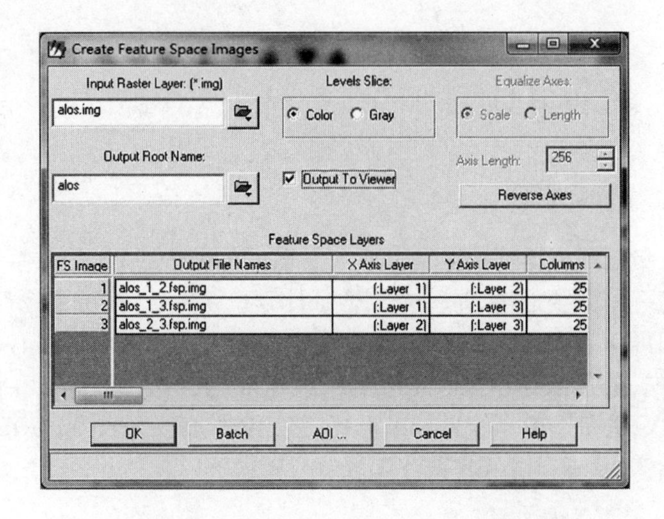

图 2-14　Create Feature Space Images 面板

(4) 勾选 Output To Viewer 可选框，其他参数保持默认（见图 2-14）。

(5)单击“OK”执行分析程序，完成进度后可以看到输出的结果（见图 2-15）。

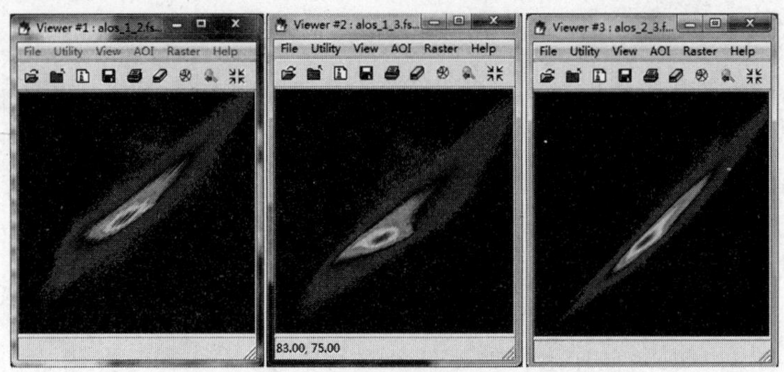

图 2-15　特征空间分析结果

从图 2-15 可以看出 ALOS 影像的 2、3 波段的特征图长而狭窄，说明这两个波段相关性最强。而我们在选取波段组合时，经常会选择相关性较小的波段。

2.7 矢量化

2.7.1 实验原理

矢量化是把栅格数据转换成矢量数据的处理过程,是数字图像处理中的一个重要问题,是一个综合了计算机视觉、计算机图像处理、计算机图形学和人工智能等各个学科的交叉课题。矢量数据有很多优点:首先,矢量数据由简单的几何图元组成,表示紧凑,所占存储空间小;其次,矢量图像易于进行编辑;第三,用矢量表示的对象易于缩放或者压缩,并且不会降低其在计算机中的显示质量。

2.7.2 实验数据

鹤壁市 ALOS 卫星影像数据。

文件路径:chap2/Ex4。

实验数据:alos. img。

2.7.3 实验过程

(1)打开遥感影像。

(2)创建矢量图层。从 Viewer #1 菜单栏选择“File | New | Vector Layer”,在弹出的 Create a New Vector Layer 对话框中选择矢量图层的保存路径,并命名“alos_vector”,文件类型保持默认的 Arc Coverage 格式。单击“OK”,在弹出的精度选择对话框中选择单精度(Single Precision)。

(3)从矢量化工具面板(见图 2-16)中选择相应的矢量化工具,对不同的地物进行矢量化,直到完成。

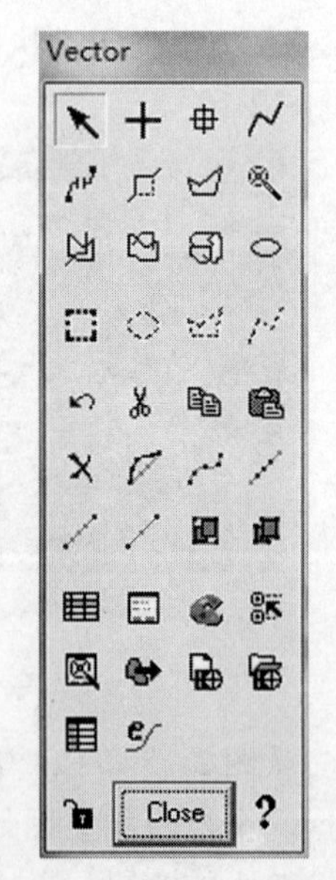

图 2-16 矢量化工具面板

(4)在 Viewer 视窗的菜单栏选择“File

| Save | To PLayer”,保存矢量图层。

(5)在不同的视窗中分别打开影像和矢量图层,观察矢量化的结果(见图 2-17)。

(a)遥感影像

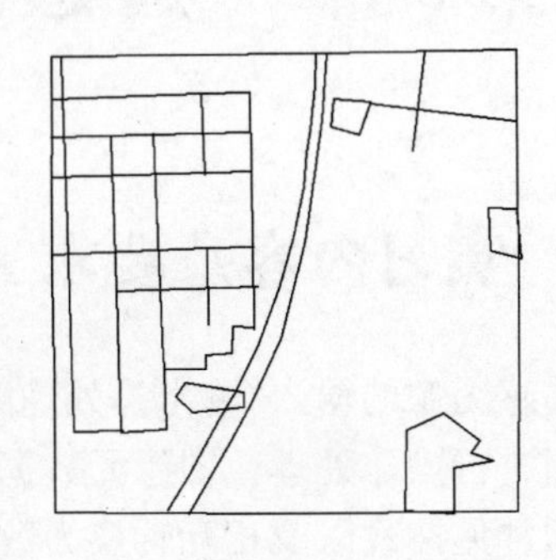

(b)矢量图层

图 2-17　栅格影像和矢量图层

练习题

1. 寻找更多不同分辨率的遥感数据源,对其分辨率的变化带来的信息差异进行对比,并重点描述纹理的差别。

2. 将影像进行矢量化,简述矢量功能在 ERDAS 中的意义。

第3章　遥感图像输入/输出

3.1　实习内容及要求

遥感图像的输入/输出是处理图像的基础，在此基础上才能对图像元数据进行操作处理。图像元数据为处理数据提供了基本知识。遥感图像的常见格式以及相互转换为数据不同类型的需求提供了方便。单波段组合与多波段组合、图像显示、格式转换都是本章的重要内容。

本章的实习中，应掌握以下内容：

(1)掌握遥感图像处理软件 ERDAS 的基本视窗操作及各个图标面板的功能。

(2)了解遥感图像的格式，学习将不同格式的遥感图像转换为 ERDAS img 格式，以及将 ERDAS img 格式转换为多种指定的图像格式。

(3)学习如何输入单波段数据以及如何将多波段遥感图像进行波段组合。

(4)掌握在 ERDAS 系统中显示单波段和多波段遥感图像的方法。

3.2　遥感图像的格式

多波段图像具有空间的位置和光谱信息。多波段图像的数据格式根据在二维空间的像元配置中如何存储各种波段的信息而分为以下几类：

(1)BSQ 格式(band sequential)。各波段的二维图像数据按波段顺序排列。(((像元号顺序)，行号顺序)，波段顺序)

(2)BIL 格式(band interleaved by line)。对每一行中代表一个波段的光谱值进行排列，然后按波段顺序排列该行，最后对各行进行重复。(((像元号顺序)，波段顺序)，行号顺序)

(3)BIP格式(band interleaved by pixel)。在一行中,每个像元按光谱波段次序进行排列,然后对该行的全部像元进行这种波段次序排列,最后对各行进行重复。((波段顺序,像元号顺序),行号顺序)

(4)行程编码格式(run - length encoding)。为了压缩数据,采用行程编码形式,属波段连续方式,即对每条扫描线仅存储亮度值以及该亮度值出现的次数,如一条扫描线上有60个亮度值为10的水体。它在计算机内以060010整数格式存储。其涵义为60个像元,每个像元的亮度值为10。计算机仅存60和10;这要比存储60个10的存储量少得多。但是对于仅有较少相似值的混杂数据,尽量选择其他合适方法。

(5)HDF格式。HDF格式是一种不必转换格式就可以在不同平台间传递的新型数据格式,由美国国家高级计算应用中心(NCSA)研制,已经应用于MODIS、MISR等数据中。

HDF有6种主要数据类型:栅格图像数据、调色板(图像色谱)、科学数据集、HDF注释(信息说明数据)、Vdata(数据表)、Vgroup(相关数据组合)。HDF采用分层式数据管理结构,并通过所提供的“层体目录结构”可以直接从嵌套的文件中获得各种信息。因此,打开一个HDF文件,在读取图像数据的同时可以方便地查取到其地理定位、轨道参数、图像属性、图像噪声等各种信息参数。

具体地讲,一个HDF文件包括一个头文件和一个或多个数据对象。一个数据对象是由一个数据描述符和一个数据元素组成的,前者包含数据元素的类型、位置、尺度等信息;后者是实际的数据资料。HDF这种数据组织方式可以实现HDF数据的自我描述。HDF用户可以通过应用界面来处理这些不同的数据集。例如一套8bit图像数据集一般有三个数据对象:一个描述数据集成员、一个是图像数据本身、一个描述图像的尺寸大小。

在普通的彩色图像显示装置中,图像是分为R、G、B三个波段显示的,这种按波段进行的处理最适合BSQ方式。而在最大似然比分类法中对每个像元进行的处理最适合BIP方式。BIL方式具有以上两种方式的中间特征。

在遥感数据中,除图像信息以外,还附带有各种注记信息。这是方便数据结构在进行数据分发时,对存储方式用注记信息的形式来说明所提供的格式。以往使用多种格式,但从 1982 年起逐渐以世界标准格式的形式进行分发。因为这种格式是由 Landsat Technical Working Group 确定的,所以也叫 LTWG 格式。

除遥感专用的数字图像格式外,为了方便于不同遥感图像处理平台间的数据交换,遥感图像常常会被转换为各处理平台间的图像公共格式,比如常用的 TIFF、JPG 以及 BMP 等格式。

3.3 数据输入/输出

3.3.1 实验原理

ERDAS IMAGINE 的数据输入/输出(Import/Export)功能,允许输入多种格式的数据供 IMAGINE 使用,同时允许将 IMAGINE 的文件转换成多种数据格式。目前,IMAGINE 可以输入的数据格式达 90 多种,可以输出的格式有 30 多种,包括各类常用的栅格数据和矢量数据格式,具体数据格式都罗列在 IMAGINE Import/Export 对话框中(见图 3-1)。

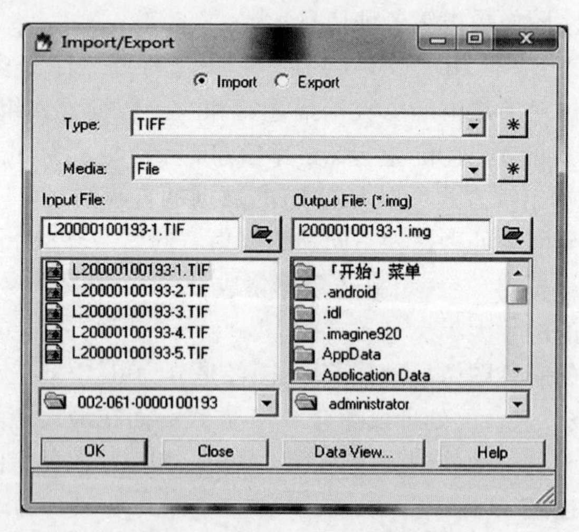

图 3-1 Import/Export 对话框

3.3.2 实验数据

2007 年郑州市区及附近 TM 遥感影像。

文件路径:chap3/Ex1。

文件名称:L20000100193 - 1. TIF。

3.3.3 实验过程

(1)在 ERDAS 图标面板菜单条上单击“Main | Import/Export”命令,启动图 3-1 中的数据输入对话框。

(2)在 Import/Export 对话框中,选择参数为输入数据(Import)或者输出数据(Export)。

(3)在 Type 下拉列表中选择输入数据或输出数据类型。

(4)在下拉列表中选择输入或输出数据的媒体,Media 中专责数据记录载体。

(5)在 Input File 以及 Output File 项中设置输入以及输出文件名和路径。

(6)单击“OK”按钮,执行格式转换,也可以进入下一级参数设置(随数据类型的不同而不同)。

3.4 波段组合

3.4.1 实验原理

对单波段的普通二进制数据文件通过转换得到 ERDAS 系统自己的单波段 IMG 文件。同时在实际工作中,要求对遥感图像的处理和分析都是针对多波段图像进行的,所以还需要将若干单波段图像文件组合成一个多波段图像文件。

3.4.2 实验数据

2007 年郑州市区及附近 TM 遥感影像及各个单波段数据。

文件路径:chap3/Ex1。

文件名称:L20000100193 - 2. TIF。

L20000100193 - 3. TIF。

L20000100193 - 4. TIF。

3.4.3 实验过程

3.4.3.1 单波段数据转换

(1)打开 Import/Export,选择 Generic Binary 为输入数据类型,设置输入以及输出文件和路径。

(2)点击"OK",弹出如图 3-2 所示的 Import Generic Binary Data 对话框。

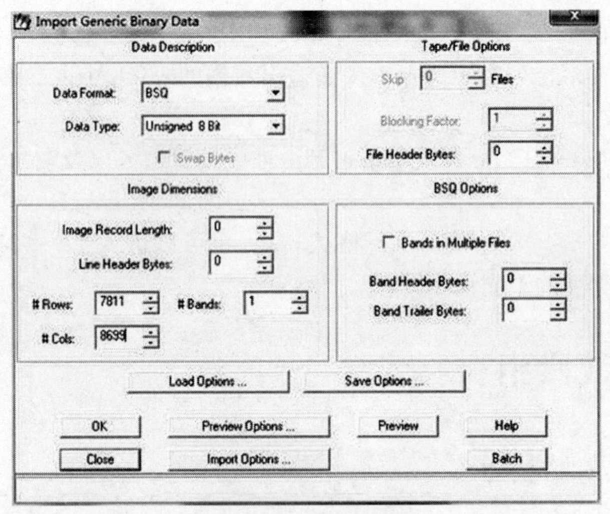

图 3-2 单波段转换

(3)在 Import Generic Binary Data 对话框中,可以根据所附加的头文件中的参数设置相应的数据记录格式、类型以及数据行列数等参数。

(4)点击"Preview",预览图像转换结果,结果正确,单击"OK"进行数据格式的转换,否则重新核查对应的参数设置后重新转换。

3.4.3.2 多波段数据组合

多波段数据组合的操作步骤如下:

(1)先单击 ERDAS 图标面板工具栏"Interpreter"图标,选择"Utilities | Layer Stack"或在菜单栏选择"Main | Image Interperter | Utilities | Layer Stack",启动如图 3-3 所示的 Layer Selection and Stacking 对话框。

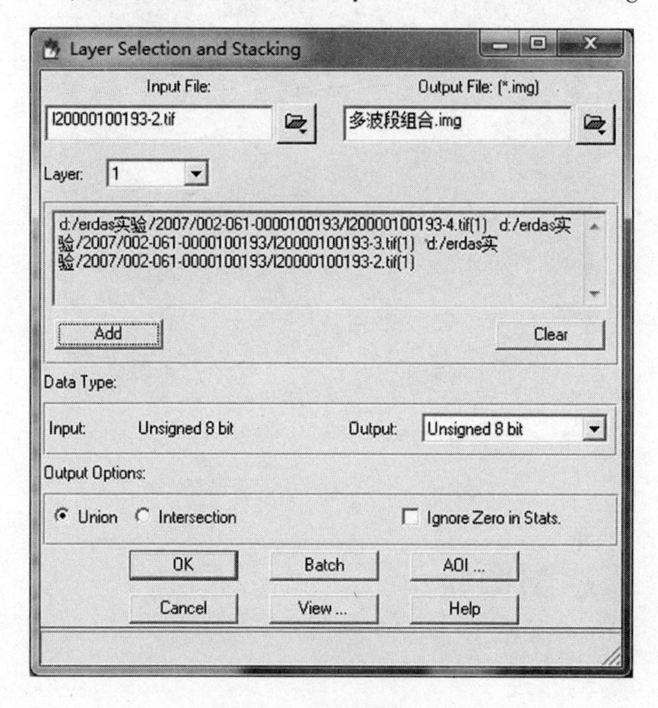

图 3-3　多波段数据组合

(2)在 Input File 中选择单波段文件,然后通过单击"Add"按钮添加其他各个需要组合的波段,重复此步骤,直到所有需要组合的波段添加完毕。

(3)在 Output File 项中设定输出多波段文件名称以及路径。

(4)可以参见对应的 Help 文件进行参数设置,根据数据文件的数据类型以及用户需要设置对应的多波段组合其他参数。

(5)单击"OK"按钮(关闭 Layer Selection and Stacking 窗口,执行多波段组合)。结果如图 3-4 所示。

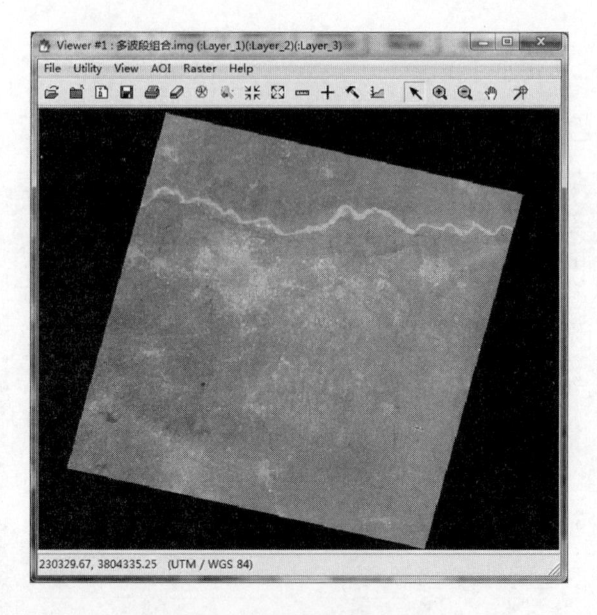

图 3-4 多波段数据组合结果

3.5 遥感图像显示

3.5.1 实验原理

Viewer 窗口是显示栅格图像、矢量图形、标记文件、AOI(感兴趣区域)等数据的主要窗口。每次启动 ERDAS IMAGINE 时,系统都会自动打开一个显示窗口,可打开遥感图像,并且可对打开的遥感图像进行一系列的操作。

3.5.2 实验数据

2007 年郑州市区及附近 TM 遥感影像。

文件路径:chap3/Ex2。

文件名称:432. img。

3.5.3 实验过程

(1)启动 ERDAS 图标面板工具栏 Viewer 图标,或者在菜单栏选择"Main | Start IMAGINE Viewer",打开 GLT Viewer 窗口。

(2)单击 Viewer 窗口中工具栏的"Open"按钮,或在菜单栏选择"File | Open | Raster Layer",启动如图 3-5 所示的 Select Layer To Add 对话框。

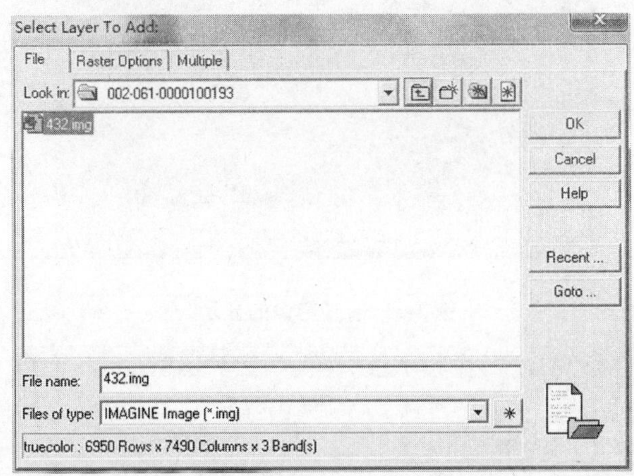

图 3-5　Select Layer To Add 对话框

(3)Select Layer To Add 中有三个选项页面,其中 File 页面能使用户能够打开指定文件;Raster Options 提供了全色以及多波段影像打开的显示设置;Multiple 页面是当用户选择了多个图像文件时,能够使所有图像在同一窗口中显示。

(4)单击"OK"按钮,则在 Viewer 中显示对应的打开图像。图 3-6 为河南省某区域的影像显示效果。

(5)在工具栏中的 Specteral 中选择打开影像的多波段遥感图像显示方式,包括灰度显示、假彩色及真彩色显示。

(6)在 GLT Viewer 中,单击菜单栏"Utility | Layer Info"或菜单栏对应的"Layer Info"图标,启动如图 3-7 所示的 ImageInfo 视图。

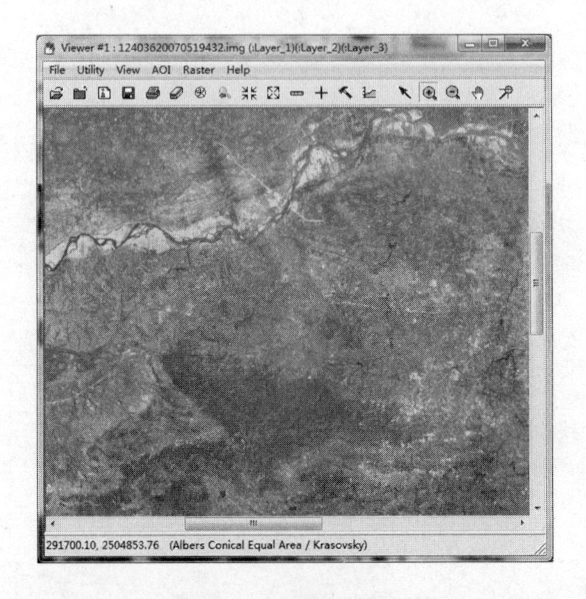

图 3-6 遥感影像的显示

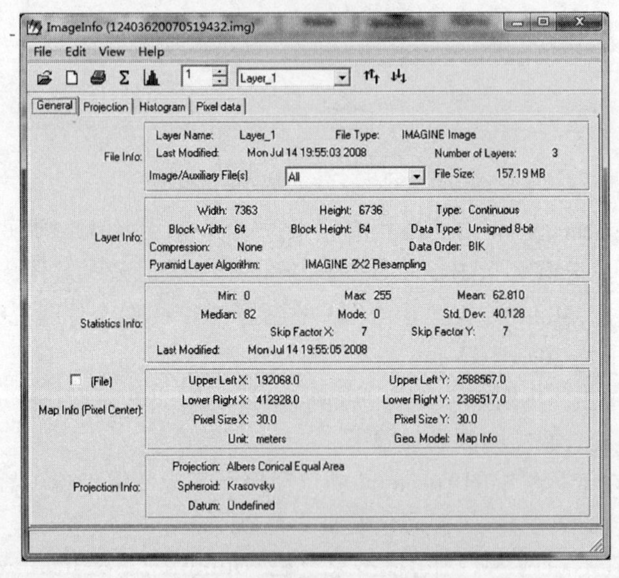

图 3-7 遥感影像各波段信息

(7)ImageInfo 可以用来查询与图像相关的图像大小、像元值、图像投影以及图像直方图等信息。同时,用户可以在 ImageInfo 中的 Edit 下拉菜单中进行图层重命名、图层删除、投影信息修改等操作。

练习题

1. 寻找并列出不同存储格式的影像,利用 ERDAS 进行转换。

2. 将 TM 的 7 个波段进行不同组合,描述各种波段组合的区别和用途。

第 4 章　遥感图像增强

4.1　实习内容及要求

遥感图像增强是为了改善图像的质量，提高图像目视效果，突出所需要的信息，为进一步遥感目视判读做预处理工作。它是遥感图像处理中的基本内容。

根据处理空间的不同，遥感图像增强技术可以分为两大类：空间域增强和频率域增强。空间域增强是以对图像像元的直接处理为基础的。而频率域增强则通过将空间域图像变换到频率域，并对图像频谱进行分析处理，以实现遥感图像增强。

在本章实习中，应通过上机操作，了解空间增强、辐射增强几种遥感图像增强处理的过程和方法，加深对图像增强处理的理解。

4.2　直方图统计及分析

直方图是对图像中灰度级的统计分布状况的描述，反映了图像中每一个灰度级与其出现概率之间的关系。直方图能够客观地反映图像所包含信息，如对比度强弱、是否多峰值等，是多种空间域遥感图像处理的基础。图像特征不同，其直方图分布状态也不同。

图 4-1(a)图像偏暗，直方图的组成部分集中在低灰度区。

图 4-1(b)图像较亮，直方图的组成部分集中在高灰度区。

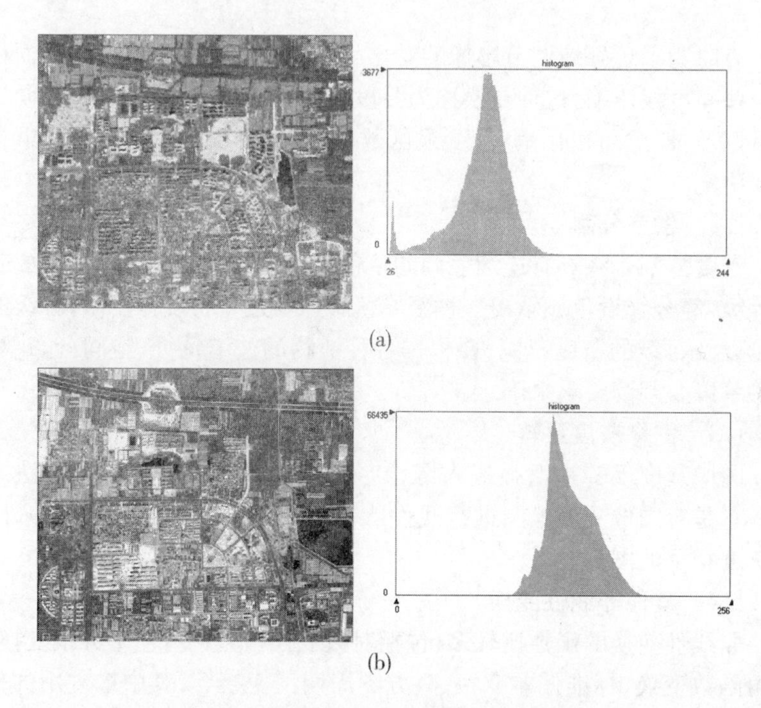

图4-1 不同特征的遥感图像及其直方图

4.3 图像反差调整

反差调整又称"对比度扩展",它主要通过改变图像灰度分布状况,以增大对比度,有效地突出有用信息、抑制其他干扰因素,改善图像的视觉效果,提高重现图像的逼真度,增强信息提取与识别能力。常用的反差调整方法有线性变换、分段线性变换、非线性变换等。

4.3.1 实验原理

4.3.1.1 线性变换

线性变换是按比例扩大原始灰度级的范围,以充分利用显示设备的动态范围,使变换后图像的直方图的两端达到饱和,从而达到改善图像视觉效果的目的。

有时为了更好地调节影像的对比度，需要在一些亮度段拉伸，而在另一些亮度段压缩，这种变换称为分段线性变换。分段变换时，不同折线可以拉伸，也可以压缩，且变换函数也不同，折线间断点的位置根据需要决定。

4.3.1.2 密度分割

密度分割是将具有连续色调的单色影像按一定密度范围分割成若干等级，经分级设色显示出一种新彩色影像。进行密度分割时，分级的数量以及每级的密度范围，要根据各种地物的波谱特征、空间分布、相互关系以及判读要求来确定。

4.3.1.3 图像灰度反转

图像灰度反转是增强嵌入图像暗区里的细节特征的常用方法之一。它是对图像灰度范围进行线性或非线性取反，产生一幅与输入图像灰度相反的图像。

4.3.1.4 其他非线性变换

非线性变换的函数比较多，包括对数变换、指数变换、平方根变换、三角函数变换、标准偏差变换、直方图周期性变换等，其中最常用的是指数变换和对数变换。

1. 指数变换

指数变换主要用于增强图像中亮的部分，扩大灰度间隔，进行拉伸；而对于暗的部分，则缩小灰度间隔，进行压缩。指数函数的数学表达式为

$$g = be^{af} + c$$

式中：f 为变换前图像每个像元的灰度值；g 为变换后图像每个像元的灰度值，其值取整；a、b、c 分别控制变换曲线的变化率、起点、截距等，通过这三个参数的调整可以实现不同的拉伸或压缩比例。

2. 对数变换

对数变换与指数变换相反，它常用于拉伸图像中暗的部分，而在亮的部分进行压缩，以突出隐藏在暗区影像中的某些地物目标。对数函数的数学表达式为

$$g = b\lg(af + 1) + c$$

式中:参数 a、b、c 与指数变化中的相同。

4.3.2 实验数据

郑州市北部资源卫星多光谱影像。

文件路径:chap4/Ex1。

文件名称:zhengzhou. img。

4.3.3 实验过程

(1)在 Viewer 窗口中打开实验影像,然后单击 Viewer 菜单条"Raster | Contrast | General Contrast",打开反差调整(Contrast Adjust)对话框,如图 4-2 所示。

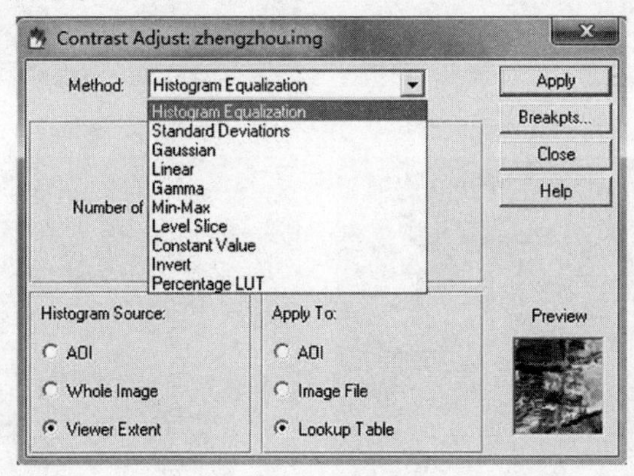

图 4-2 反差调整对话框

(2)在图像调整对话框中,选定进行图像反差调整的方法(Method)。如图 4-2 所示,在 Method 下拉表中提供了直方图均衡(Histogram Equalization)、标准差调整(Standard Deviations)、高斯变换(Gaussian,它是一种对数变换)、线性变换(Linear)、伽马变换(Gamma,它是一种指数变换)、密度分割(Level Slice)、灰度反转(Invert)等反差调整方法。

(3)每种方法需要设置的参数各不相同,具体参数意义可参考 help 文件。

(4)设定图像反差调整的直方图来源(Histogram Source)和应用目

标(Apply to)。具体设定可参考 help 文件。

(5)单击“Apply”按钮,采用指定的方法对图像进行反差调整,调整后的图像会直接显示在 Viewer 窗口中。图 4-3(a)、(b)、(c)、(d)分别是采用直方图均衡、密度分割(分割层数为 7)、伽马变换和灰度反转方法得到的反差调整结果。

(a)直方图均衡反差调整结果

(b)密度分割反差调整结果

(c)伽马变换反差调整结果

(d)灰度反转反差调整结果

图 4-3　图像反差调整

4.4　低通/高通滤波

4.4.1　实验原理

低通滤波是在频率域上进行图像平滑的方法。将空间域图像通过傅立叶变换为频率域图像后,由于图像上的噪声主要集中在高频部分,为了去除噪声,改善图像质量,必须采用滤波器削弱或抑制高频部分而保留低频部分,这种滤波器称为低通滤波器。常用的低通滤波器有理想低通滤波器、梯形低通滤波器、Butterworth 低通滤波器、指数低通滤波器等。

由于图像的边缘、细节主要位于高频部分,而图像的模糊是由于高频成分比较弱产生的。因此,为了突出图像的边缘和轮廓,采用高通滤波器让高频成分通过,阻止削弱低频成分,以达到图像锐化的目的。常用的高通滤波器与低通滤波器相似,主要有理想高通滤波器、梯形高通滤波器、Butterworth 高通滤波器、指数高通滤波器等。

4.4.2 实验数据

郑州市北部资源卫星多光谱影像。

文件路径:chap4/Ex1。

文件名称:zhengzhou. img。

4.4.3 实验过程

4.4.3.1 傅立叶变换

(1)打开傅立叶变换(Fourier Transform)对话框,如图 4-4 所示。

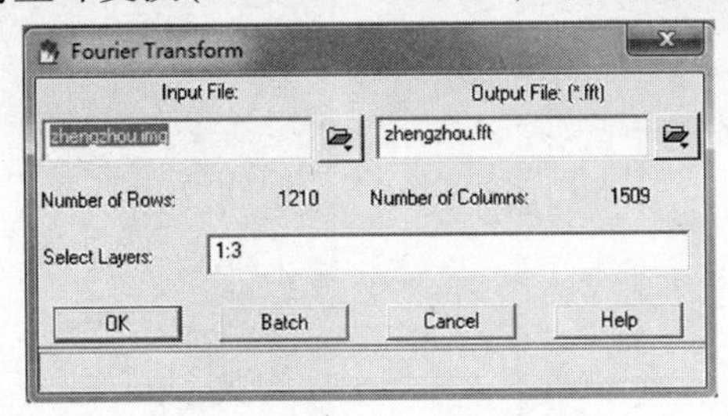

图 4-4 傅立叶变换对话框

方法 1:在 ERDAS 图标面板菜单条,单击"Main | Image Interpreter | Fourier Analysis | Fourier Transform"命令,打开 Fourier Transform 对话框。

方法 2:在 ERDAS 图标面板工具条中,单击“Interpreter 图标 | Fourier Analysis | Fourier Transform”命令,打开 Fourier Transform 对话框。

(2)确定输入图像(Input File)为 zhengzhou. img。

(3)确定输出图像(Output File)的存储位置及命名 zhengzhou. fft。

(4)选择变换波段(Select Layers)为 1:3(从第 1 波段到第 3 波段)。

(5)单击“OK”,执行图像傅立叶变换。

4.4.3.2 低通/高通滤波变换

(1)打开傅立叶变换编辑器(Fourier Editor)对话框,如图 4-5(b)所示。

方法 1:在 ERDAS 图标面板菜单条中,单击“Main | Image Interpreter | Fourier Analysis | Fourier Transform Editor”命令,打开 Fourier Editor 对话框。

方法 2:在 ERDAS 图标面板工具条中,单击“Interpreter 图标 | Fourier Analysis | Fourier Transform Editor”命令,打开 Fourier Editor 对话框。

(2)在 Fourier Editor 窗口中,单击菜单条“File | Open”命令或者工具条上的“Open”图标,打开 Open FFT Layer 对话框,如图 4-5(a)所示。打开傅立叶变换文件 zhengzhou. fft,如图 4-5(b)所示。

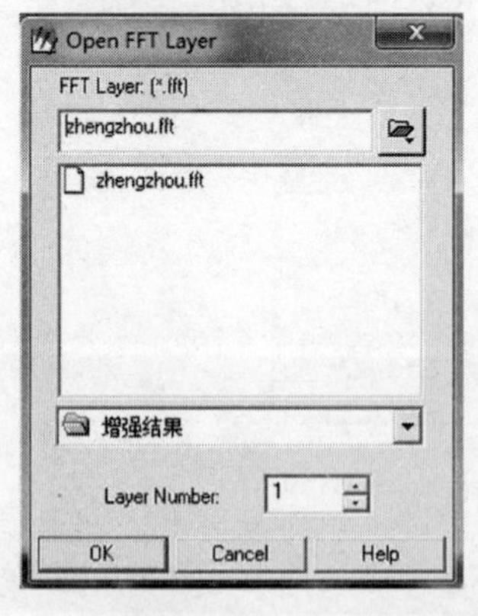

(a)Open FFT Layer 对话框

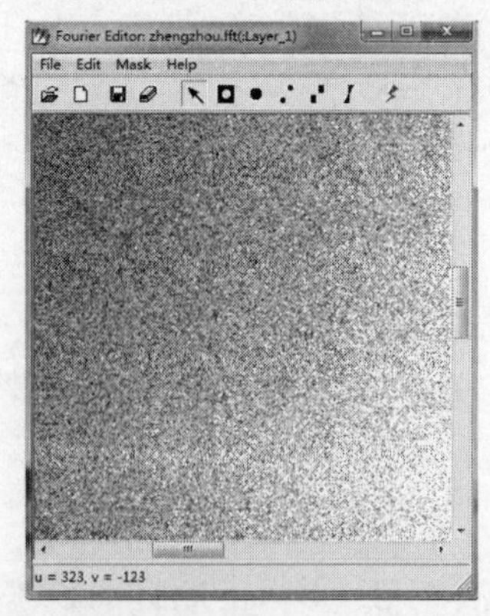

(b)Fourier Editor 窗口(打开 zhengzhou. fft 后)

图 4-5 打开傅立叶变换图像

(3)在 Fourier Editor 窗口中,单击菜单条“Mask | Filters”命令,打开低通/高通滤波(Low/High Pass Filter)对话框,如图 4-6 所示。

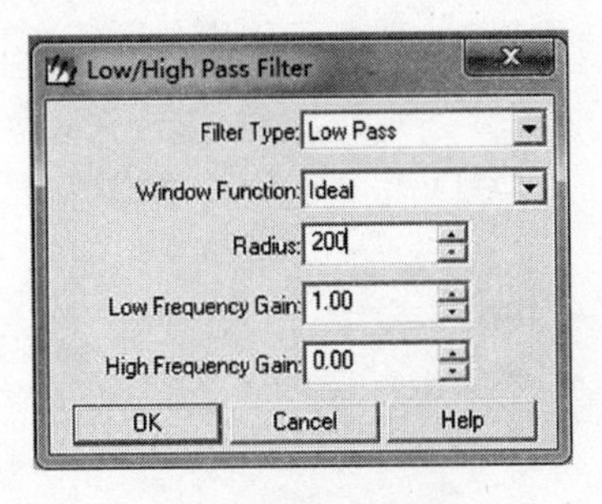

(a)低通滤波参数

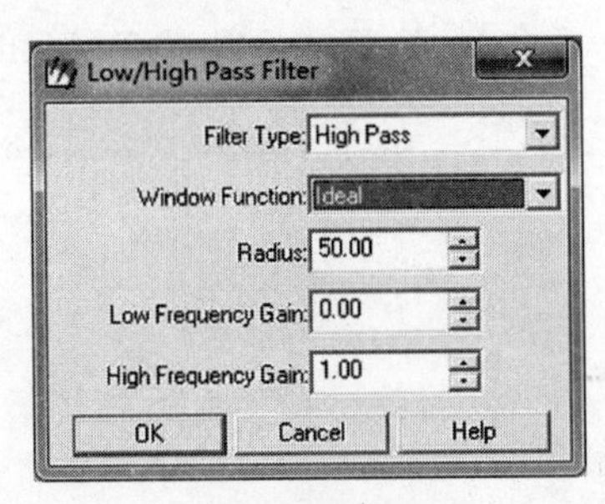

(b)高通滤波参数

图 4-6　低通/高通滤波对话框

(4)在低通/高通滤波对话框中,需设置以下参数:

①选择滤波类型(Filter Type)为低通滤波(Low Pass)/高通滤波(High Pass)。

②选择窗口功能(Window Function)为理想滤波器(Ideal)。ERDAS 提供了 5 种窗口功能,分别是 Ideal、Bartlett(三角函数)、Butterworth、Gaussian(指数)、Hanning(线性)这五种滤波器。

③确定圆形滤波半径(Radius),低通滤波圆形滤波半径为 200,高通滤波圆形滤波半径为 50。一旦确定了圆形滤波半径,则圆形区域以外的低频/高频成分将被滤掉。

④定义低频增益(Low Frequency Gain)和高频增益(High Frequency Gain)。低通滤波时确定低频增益为 1.0,高频增益为 0.0;而高通滤波时则确定低频增益为 0.0,高频增益为 1.0。

⑤单击“OK”按钮,执行低通/高通滤波处理。此时低通/高通滤波对话框将被关闭。

(5)保存傅立叶处理图像

在 Fourier Editor 对话框中,单击菜单条“File | Save As”命令,打开 Save Layer As 对话框。确定输出傅立叶图像路径和文件名 zz_lowp.fft/zz_highp.fft,单击“OK”按钮保存,如图 4-7 所示。

4.4.3.3 执行傅立叶逆变换

(1)在 Fourier Editor 对话框中,单击菜单条"File | Inverse Transform"命令,打开傅立叶逆变换(Inverse Fourier Transform)对话框,如图 4-8 所示。

图 4-7 保存傅立叶处理图像

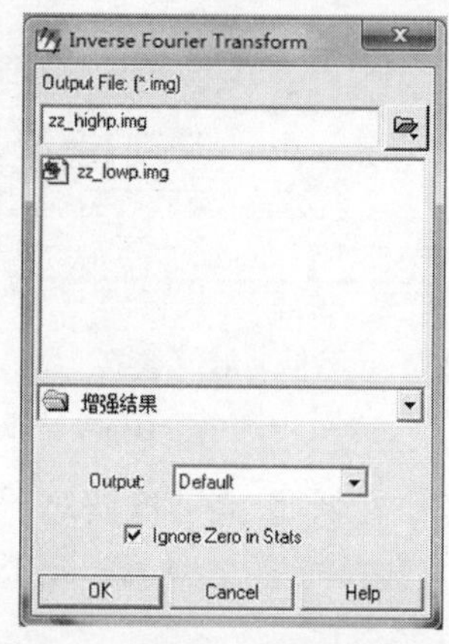

图 4-8 傅立叶逆变换对话框

(2)确定输出文件路径和文件名 zz_lowp. img / zz_highp. img。

(3)选择输出数据类型(Output)为 Default;勾选输出数据统计时忽略零值(Ignore Zero in Stats)复选框。

(4)单击"OK"按钮,执行傅立叶逆变换,输出低通/高通滤波处理结果,如图 4-9 所示。

(a)原始图像

图 4-9 图像低通/高通滤波

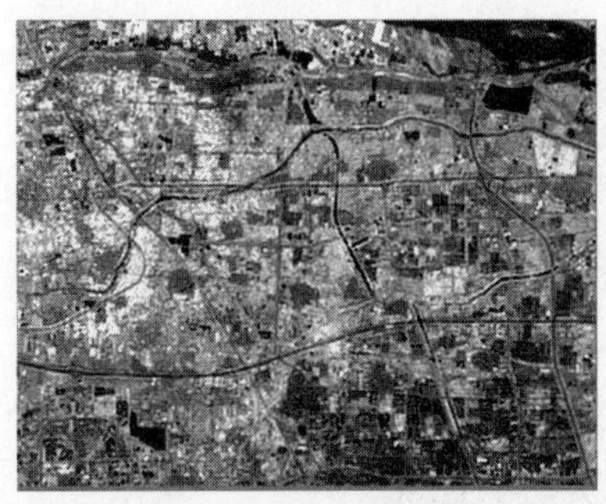

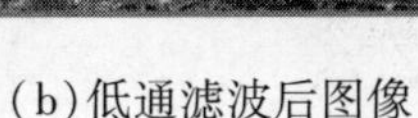

(b)低通滤波后图像

(c)高通滤波后图像

续图 4-9

4.5 卷积增强

4.5.1 实验原理

卷积增强(Convolution)是将整个像元分块进行平均处理,用于改变图像的空间频率特征 。卷积增强(Convolution)处理的关键是卷积算子——系数矩阵的选择。该系数矩阵又称卷积核(Kernel)。ERDAS IMAGINE 将常用的卷积算子放在一个名为 default. klb 的文件中,分为 3×3、5×5、7×7 三组,每组又包括 Edge Detect/Low Pass/Horizontal/Vertical/Summary 等七种不同的处理方式。

4.5.2 实验数据

文件路径:chap4/Ex2。

文件名称: mobbay. img。

4.5.3 实验过程

(1)打开卷积增强(Convolution)对话框,如图 4-10 所示。

方法 1:在 ERDAS 图标面板菜单条中,单击“Main | Image Interpreter | Spatial Enhancement | Convolution”命令,打开 Convolution 对话框。

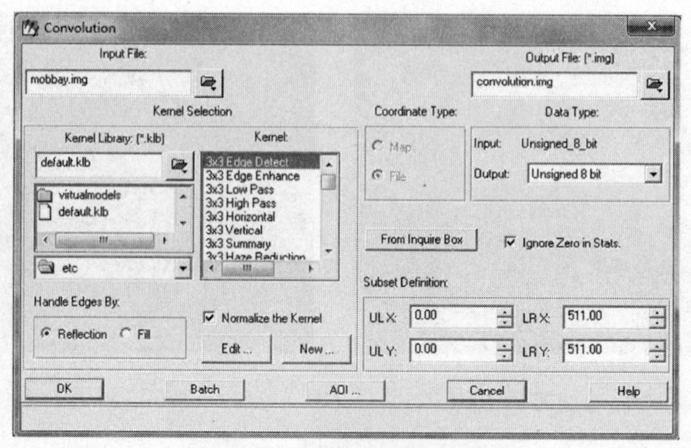

图 4-10　卷积增强对话框

方法 2：在 ERDAS 图标面板工具条中，单击 Interpreter 图标“ | Spatial Enhancement | Convolution”命令，打开 Convolution 对话框。

(2)选择输入文件(Input File)为 mobbay. img。

(3)在选择卷积算子(Kernel Selection)块下，选择卷积算子文件(Kernel Library)为 default. klb；卷积算子类型(Kernel)为 3 ×3 Edge Detect；边缘处理方法(Handle Edge by)为映射(Reflection)；选中 Normalize the Kernel 复选框，进行卷积归一化处理。

其中 ERDAS 提供了多种卷积算子类型，不仅包括 3 ×3、5 ×5、7 ×7 等不同大小的矩阵，而且预制了用于不同图像处理的系数，比如用于边缘检测(Edge Detect)、边缘增强(Edge Enhance)、低通滤波(Low Pass)、水平增强(Horizontal)、垂直增强(Vertical)、水平边缘检测(Horizontal Edge Detection)、垂直边缘检测(Vertical Edge Detection)和交叉边缘检测(Cross Edge Detection)等。如果系统提供的卷积算子类型不能满足图像处理需要，则可单击“Edit/New”按钮，打开卷积核编辑窗口，如图 4-11 所示则为选择 5 ×5 Edge Detect 后的卷积核编辑窗口。

(4)确定输出图像路径和文件名(Output File)为 convolution. img。

(5)选择文件坐标类型(Coordinate Type)为 Map，输出数据类型(Output Data Type)为 Unsigned 8 bit，勾选输出数据统计时忽略零值(Ignore Zero in Stats)复选框。

(6)单击“OK”按钮，执行卷积增强处理，结果如图 4-12 所示。

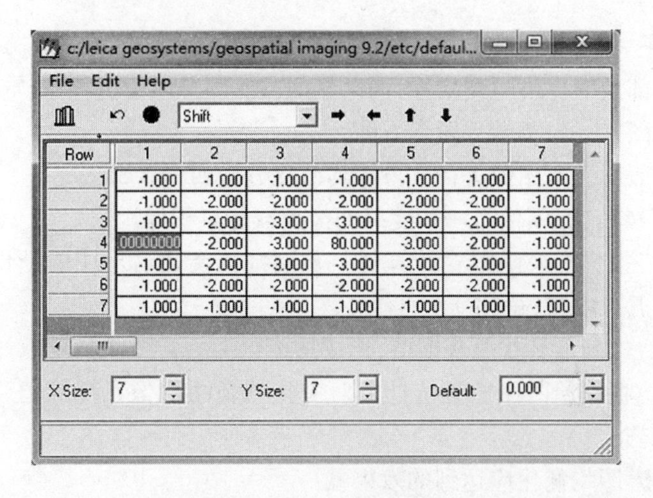

图 4-11　卷积核编辑窗口

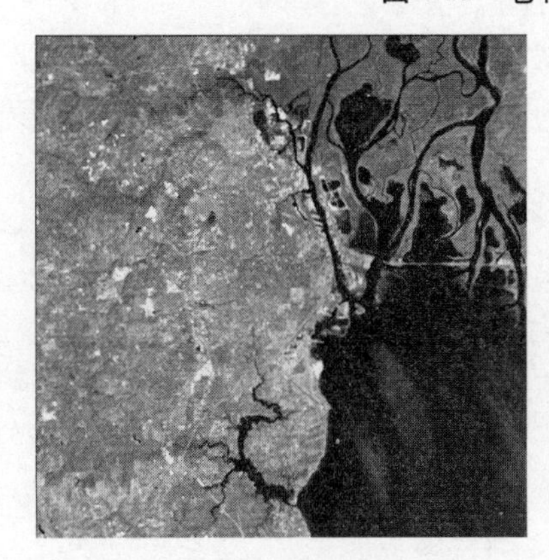

(a)mobbay 原图像

(b)卷积增强结果

图 4-12　卷积增强

4.6　直方图均衡化

4.6.1　实验原理

直方图均衡化实质上是对图像进行非线性拉伸,重新分配图像像元值,使一定灰度范围内的像元数量大致相同。这样,原来直方图中间的峰顶部分对比度得到增强,而两侧的谷底部分对比度降低,输出图像的直方图是一较平的分段直方图。

一般对一幅图像进行直方图均衡化分为四个步骤:

(1)统计原图像每一灰度级的像元数和累积像元数。

(2)根据变换函数式计算每一灰度级均衡化后对应的新值,并对其四舍五入取整,得到新灰度级。

(3)以新值替代原灰度值,形成均衡化后的新图像。

(4)根据原图像像元统计值对应找到新图像像元统计值,做出新直方图。

直方图均衡化应达到的效果是:

(1)各灰度级出现的频率近似相等。

(2)原图像上频率小的灰度级被合并,实现压缩;频率高的灰度级被拉伸,可以使亮度值集中于中部的图像得到改善,增强图像上大面积地物与周围地物的反差。

4.6.2 实验数据

文件路径:chap4/Ex3。

文件名称:lainer. img。

4.6.3 实验过程

(1)打开直方图均衡化(Histogram Equalization)对话框,如图 4-13 所示。

方法 1:在 ERDAS 图标面板菜单条中,单击"Main | Image Interpreter | Radiometric Enhancement | Histogram Equalization"命令,打开 Histogram Equalization 对话框。

方法 2:在 ERDAS 图标面板工具条中,单击"Interpreter 图标 | Radiometric Enhancement | Histogram Equalization"命令,打开 Histogram Equalization 对话框。

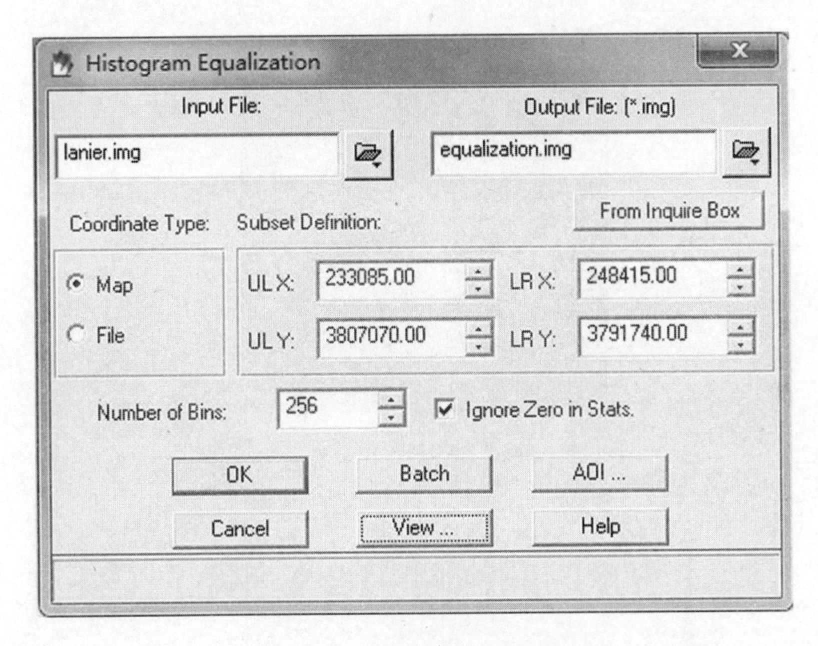

图 4-13　直方图均衡化对话框

(2)选择输入文件(Input File)为 lainer. img。

(3)确定输出图像路径和文件名(Output File)为 Equalization. img。

(4)选择文件坐标类型(Coordinate Type)为 Map;处理范围(Subset Definition)默认为整个图像范围(也可根据需要在 ULX/Y、LRX/Y 微调框中输入相应数值)。

(5)选择输出数据分段(Number of Bins)为 256(根据需要可以输入 0 ~256 的任意整数);勾选输出数据统计时忽略零值(Ignore Zero in Stats)复选框。

(6)单击"View"按钮打开模型生成器窗口,浏览 Equalization 空间模型。(此步可跳过)

(7)单击"OK"按钮,执行直方图均衡化处理,结果如图 4-14 所示。

注:均衡化后的直方图对比原图像直方图,灰度范围有了较大扩展,而且分布也比原图像更加均衡,层次感明显增强。

(a)直方图均衡化结果

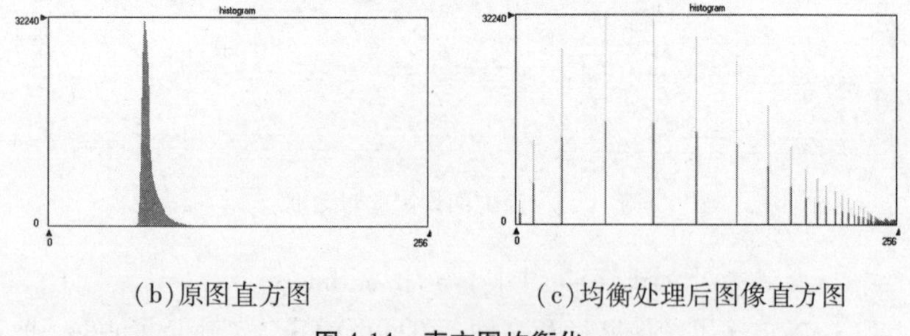

(b)原图直方图　　　　(c)均衡处理后图像直方图

图 4-14　直方图均衡化

练习题

1. 各种直方图(单峰、多峰等)对应的影像特点是什么？如何应用直方图判断影像质量？

2. 认真对比各图像增强处理方法处理前后的图像差别，以及各种方法之间的原理和效果差异。

3. 列举某一种增强方法都包括哪些算法，采用不同算法操作后增强效果的具体差异在哪里？

第 5 章　遥感图像融合

5.1　实习内容及要求

随着遥感对地观测技术的发展,多平台、多传感器、多时相、多光谱和多分辨率的遥感数据急剧增加,在同一地区形成了多源的影像金字塔。如何将这些多源遥感数据的有用信息聚合起来,以克服单一传感器获取的图像信息量不足的缺陷,成为遥感领域的一个重要研究课题。遥感图像融合技术的出现,成为解决这一问题的有效手段。它采用一定的算法对同一地区的多源遥感图像进行处理,生成一副新的图像,从而获取单一传感器图像所不能提供的某些特征信息。例如,全色图像一般具有较高的空间分辨率,但光谱分辨率较低,而多光谱图像则具有光谱信息丰富、空间分辨率低的特点,为了有效地利用两者的信息,可以对它们进行融合处理,在提高多光谱图像光谱分辨率的同时,又保留了其多光谱特性。

常用的遥感图像融合算法很多,包括 HIS 融合、小波变化融合、PCA 变化融合、乘积变换融合、Brovey 变换融合等。

在本章实习中,应掌握以下内容:

(1)了解多源遥感图像融合的概念和意义。

(2)掌握遥感图像融合的原理和方法。

(3)了解遥感图像融合质量的评价方法。

(4)熟练运用 ERDAS 对遥感图像进行融合处理。

5.2 IHS 融合

5.2.1 实验原理

IHS 融合是基于 IHS 变换的遥感图像融合,它是应用最广泛的图像融合方法之一。HIS 变换通过将图像由常用的 RGB 彩色空间变换至 IHS 空间,从而可以将图像的亮度、色调和饱和度分离开来。

由于 IHS 融合具有只能用三个波段的多光谱图像与全色图像进行融合的缺陷,且当多光谱图像的 I 分量与全色图像之间存在较大差异时,会导致融合图像光谱失真严重。因此,在大量研究的基础上,提出了一种改进的 IHS 图像融合方法,它通过采用一定的算法对全色图像进行亮度纠正,并以纠正后的全色图像替代多光谱图像的 I 分量,执行 IHS 逆变换,能够有效地减少图像的光谱失真。

5.2.2 实验数据

郑州市高新区资源卫星影像(10 m)与中巴资源卫星的高分辨率影像(2.5 m)。

文件路径:chap5/Ex1。

文件名称:zzu_ers. img(见图 5-1(a))、zzu_hr. img(见图 5-1(b))。

(a)资源卫星影像

(b)中巴资源卫星的高分辨率影像

图 5-1　实验数据

5.2.3 实验过程

(1)打开改进的 IHS 融合(Modified IHS Resolution Merge)对话框,如图 5-2 所示。

方法一:在 ERDAS 图标面板菜单条中,单击“Main | Image Interpreter | Spatial Enhancement | Mod. IHS Resolution Merge”命令。

方法二:在 ERDAS 图标面板工具条中,单击“Interpreter 图标 | Image Interpreter | Spatial Enhancement | Mod. IHS Resolution Merge”命令。

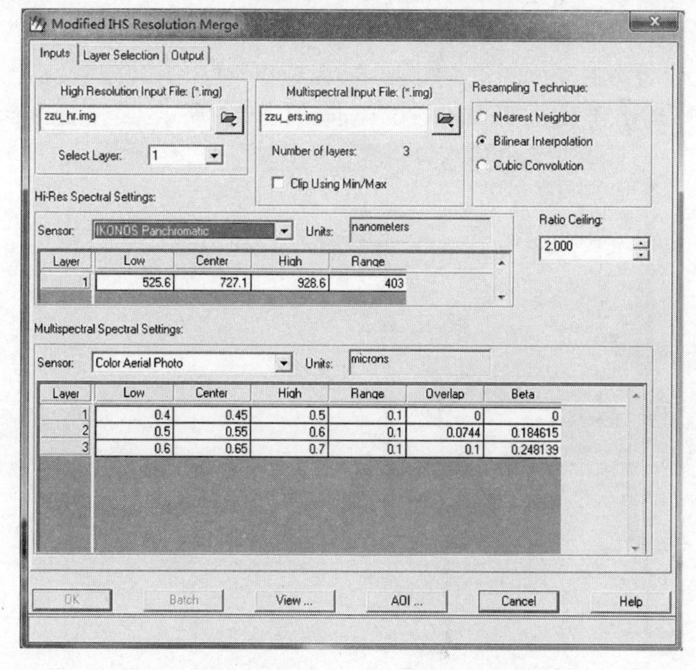

图 5-2 Modified IHS Resolution Merge 对话框

(2)在 Input 选项卡中设置如下参数,如图 5-2 所示。

①选择输入的高分辨率图像(High Resolution Input File) zzu_hr. img 以及用于融合的波段(Select Layer)。

②设置输入高分辨率图像的相关参数(Hi - Res Spectral Settings),

包括成像传感器、波段范围等。

③选择输入的多光谱图像(Multispectral Input File)zzu_ers. img。

④选择多光谱图像重采样方法(Resampling Technique),包括最近邻像元法(Nearest Neighbor)、双线性内插法(Bilinear Interpolation)以及三次卷积法(Cubic Convolution)。

⑤设置是否按照最大或者最小灰度值标准对重采样后的图像进行裁剪(Clip Using Min/Max)。

⑥设置输入多光谱图像的相关参数(Hi - Res Spectral Settings),包括成像传感器、波段范围等。

⑦设置图像亮度纠正率阈值(Ratio Ceiling)。

(3)切换到 Layer Selection 选项卡,如图 5-3 所示,设置如下参数:

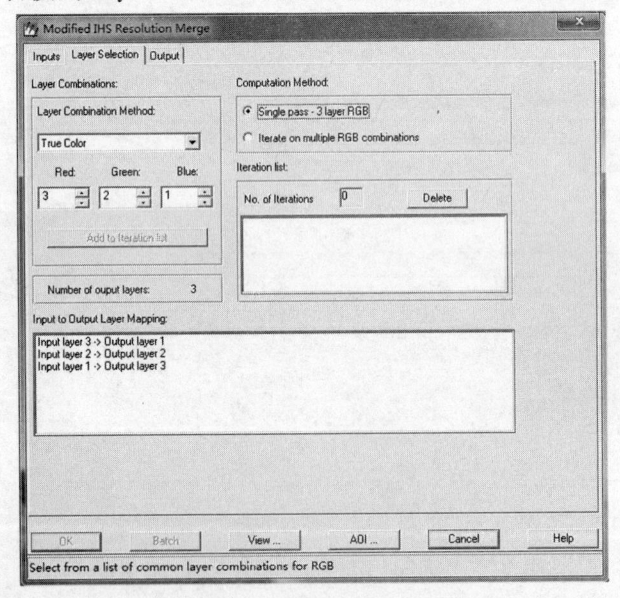

图 5-3　Layer Selection 选项卡

①设置波段组合方法(Layer Combinations),即选定多光谱图像中的某些波段参与 IHS 变换。

②选择计算方法(Computation Method)以及相关参数设置。若选

中 Single pass－3 layer RGB 复选框，则只能利用多光谱图像中的某三个波段与高分辨率图像进行融合；若选中 Iterate on multiple RGB combinations 复选框，则可以参照输入到输出波段映射（Input to Output Mapping）列表中显示的图像输入与输出波段之间的对应关系，将多光谱图像的多个波段（大于 3 个）都纳入图像融合过程。

（4）切换到 Output 选项卡，如图 5-4 所示，设置如下参数：

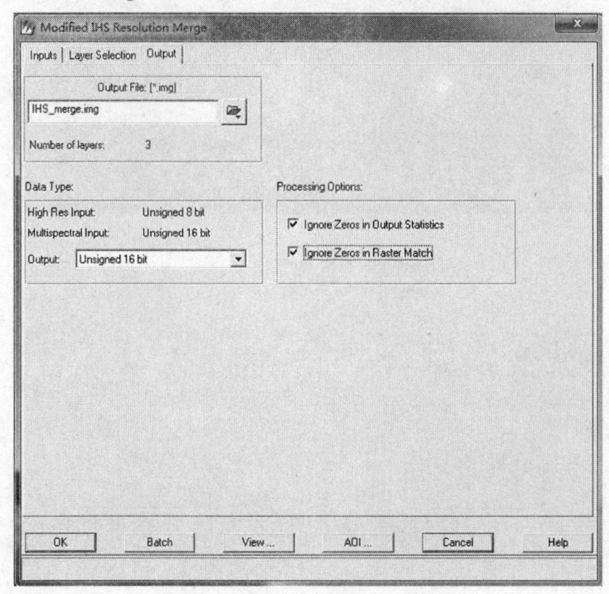

图 5-4　Output 选项卡

①设置输出图像路径及名称（Output File）IHS_ merge. img。

②数据类型（Data Type）设定。

③设置图像处理选项（Processing Options），包括是否在计算输出图像统计信息时忽略零值（Ignore Zeros in Output Statistics）以及在图像配准过程中忽略零值（Ignore Zeros in Raster Match）。

（5）单击“OK”按钮，执行基于改进的 IHS 变换的图像融合，结果如图 5-5 所示。

图 5-5 IHS 融合结果

5.3 小波变换融合

5.3.1 实验原理

小波变换作为一种新的数学工具,它是一种介于时间域(空间域)和频率域之间的函数表示方法。通过小波变换,可以将图像分解成一系列具有不同空间分辨率和频率特征的子空间,从而使原始图像的特征能够得以充分的体现。

基于小波变换的图像融合的基本思想是:对待融合图像分别进行二维小波分解;然后在小波变换域内通过比较各图像分解后的信息,运用不同的融合规则,在不同尺度上实现图像融合,提取出重要的小波系数;最后通过小波逆变换,将提取出的小波系数进行重构,便可得到融合之后的图像。

5.3.2 实验数据

郑州市高新区资源卫星影像与中巴资源卫星的高分辨率影像。

文件路径:chap5/Ex1。

文件名称:zzu_ers. img(如图 5-1(a))。

zzu_hr. img(如图 5-1(b))。

5.3.3 实验过程

(1)打开小波变换融合(Wavelet Resolution Merge)对话框,如图 5-6所示。

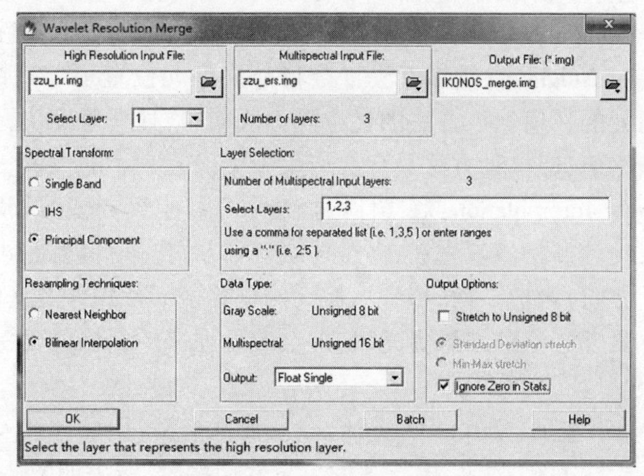

图 5-6 小波变换融合对话框

方法一:在 ERDAS 图标面板菜单条中,单击"Main | Image Interpreter | Spatial Enhancement | Wavelet Resolution Merge"命令。

方法二:在 ERDAS 图标面板工具条中,单击"Interpreter 图标 | Image Interpreter | Spatial Enhancement | Wavelet Resolution Merge"命令。

(2)输入高分辨率图像(High Resolution Input File)zzu_hr. img 以及用于融合的波段(Select Layer)。

(3)输入多光谱图像(Multispectral Input File)zzu_ers. img。

(4)定义输出图像路径和名称(Output File)IKONOS_ merge. img。

(5)多光谱图像的光谱变换方法(Spectral Transform)选择以及相应参数的设定,它将输入多光谱图像转换为一副单波段灰度图像,以用于小波变换融合。其中:

Single Band——选择输入多光谱图像中的某一波段图像作为该灰度图像；

IHS——通过 IHS 变换，将图像转换到 IHS 空间，采用 I 分量作为该灰度图像；

Principal Component——对多光谱图像进行主成分变换，采用第一主成分作为该灰度图像。

（6）选择多光谱图像重采样方法（Resampling Techniques），主要包括 Nearest Neighbor（最邻近法）和 Bilinear Interpolation（双线性插值）。

Nearest Neighbor：最邻近法直接将与某像元位置最邻近的像元值作为该像元的新值。该方法的优点是方法简单，处理速度快，且不会改变原始栅格值，但该种方法最大会产生半个像元大小的位移。

Bilinear Interpolation：双线性内插法取采样点到周围四邻域像元的距离加权计算栅格值。先在 Y 方向（或 X 方向）进行内插，再在 X 方向（或 Y 方向）内插一次，得到该像元的栅格值。使用该方法的重采样结果会比最邻近法的结果更光滑，但会改变原来的栅格值，丢失一些微小的特征。

（7）输出选项（Output Options）以及数据类型（Data type）设置。

（8）单击“OK”按钮，执行图像小波变换融合，结果如图 5-7 所示。

图 5-7　小波变换融合结果

5.4 其他变换融合

5.4.1 实验原理

5.4.1.1 主成分变换融合(Principal Component)

主成分变换融合是建立在图像统计特征基础上的多维线性变换，具有方差信息浓缩、数据量压缩的作用，可以更准确地提示多波段数据结构内部的遥感信息，常常是以高分辨率数据替代多波段数据变换以后的第一主成分来达到融合的目的。具体过程是首选对输入的多波段遥感数据进行主成分变换，然后以高空间分辨遥感数据替代变换以后的第一主成分，最后再进行主成分逆变换，生成具有高空间分辨率的多波段融合图像。

5.4.1.2 乘积变换融合(Multiplicative)

乘积变换融合应用最基本的乘积组合算法直接对两种空间分辨率的遥感数据进行合成，即 Bi_new = Bi_ m * B_h，其中 Bi_new 代表融合以后的波段数值(i = 1,2,3,…,n)，Bi_ m 表示多波段图像中的任意一个波段数值，B_h 代表高分辨率遥感数据。乘积变换是由 Crippen 的 4 种分析技术演变而来的，Crippen 研究表明：将一定亮度的图像进行变换处理时，只有乘法变换可以使其色彩保持不变。

5.4.1.3 比值变换融合(Brovey Transform)

比值变换融合是将输入遥感数据的 3 个波段按照下列公式进行计算，获得融合以后各波段的数据：

Bi_new = [Bi_ m/(Br_ m + Bg_ m + Bb_ m)] * B_h

其中：Bi_new 代表融合以后的波段数值(i = 1,2,3)；Br_ m，Bg_ m，Bb_ m 分别代表多波段图像中的红绿蓝波段数值；Bi_ m 表示红、绿、蓝 3 波段中的任意一个；B_h 代表高分辨率遥感数据。

5.4.2 实验数据

郑州市高新区资源二号卫星影像与中巴资源卫星的高分辨率

影像。

文件路径:chap4/Ex1。

文件名称:zzu_ers. img(如图 5-1(a))。

zzu_hr. img(如图 5-1(b))。

5.4.3 实验过程

(1)打开分辨率融合(Resolution Merge)对话框,如图 5-8 所示。

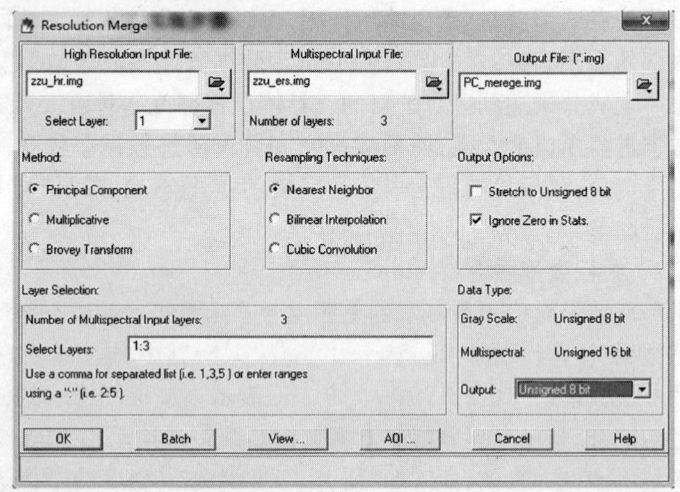

图 5-8　分辨率融合对话框

方法一:在 ERDAS 图标面板菜单条中,单击“Main | Image Interpreter | Spatial Enhancement | Resolution Merge”命令。

方法二:在 ERDAS 图标面板工具条中,单击“Interpreter 图标 | Image Interpreter | Spatial Enhancement | Resolution Merge”命令。

(2)选择输入的高分辨率图像(High Resolution Input File)zzu_hr. img 以及用于融合的波段(Select Layer)。

(3)选择输入的多光谱图像(Multispectral Input File)zzu_ers. img。

(4)选择图像融合方法(Method)。ERDAS 提供了三种融合方法,包括主成分变换融合(Principal Component)、乘积变换融合(Multiplicative)和比值变换融合(Brovey Transform)。

(5)先后分别选取三种融合方法中的一种,并定义对应输出图像路径和名称(Output File)PC_merge.img、MP_merge.img、BT_merge.img。

(6)选择多光谱图像重采样方法(Resampling Techniques),主要包括最邻近法、双线性插值以及 Cubic Convolution(三次卷积)。

Cubic Convolution:三次卷积法是一种精度较高的方法,通过增加参与计算的邻近像元的数目达到最佳的重采样结果。使用采样点到周围 16 邻域像元距离加权计算栅格值,方法与双线性内插相似,先在 Y 方向(或 X 方向)内插四次,再在 X 方向(或 Y 方向)内插四次,最终得到该像元的栅格值。该方法会加强栅格的细节表现,但是算法复杂,计算量大,同样会改变原来的栅格值,且有可能会超出输入栅格的值域范围。

(7)选择参与融合的波段(Layer Selection)。

(8)设置输出选项(Output Options)以及数据类型(Data Type)。

(9)单击"OK",执行图像融合(见图 5-9)。

对比图 5-9(a)、(b)、(c),可以看出,主成分变换结果更清晰、图像更亮、对比度更高,而乘积变换的结果则最差。这不仅与原始数据本身的数据质量有关,还与融合后图像数据类型有关,主成分变换和比值变换结果数据类型均为 unsigned 8 bit,而乘积变换结果数据类型则为 unsigned 16 bit。

(a)主成分变换融合结果

(b)乘积融合变换结果

图 5-9 融合结果

(c)比值变换结果

图 5-9　融合结果

5.5　遥感图像融合效果评价

5.5.1　评价综述

对于一幅遥感融合图像,一般从图像的可检测性、可分辨性和可量测性三方面来评价其效果。图像的可检测性表示图像对某一波谱段的敏感能力;可分辨性表示图像能为目视分辨两个微小地物提供足够反差的能力;可量测性表示图像能正确恢复原始影像形状的能力。对于遥感融合图像的评价方法一般分为两大类,即定性评价和定量评价。

5.5.2　定性评价

定性评价即目视评估法,它是由判读人员来直接对图像的质量进行评估,具有简单、直观的优点,对明显的图像信息可以进行快捷、方便的评价。但是由于人的视觉对图像上的各种变化并不都很敏感,图像的视觉质量很大程度上取决于观察者,人眼对融合图像的感觉很大程度上决定了遥感图像的质量,导致这种方法主观性较强,具有较大的不全面性。因此,在实际评价中需要与客观的定量评价标准相结合来对遥感融合图像进行综合评价。

5.5.3 定量评价

定量评价能够有效地弥补定性评价方法主观性和不全面性较大的缺点,根据评定方法需要条件的不同,定量评定方法主要分为以下几类。

设经过严格配准的源图像为 A 和 B,其图像函数分别为 $A(x,y)$ 和 $B(x,y)$,由 A 和 B 融合后图像为 F,图像函数为 $F(x,y)$;标准参考图像为 R,其图像函数为 $R(x,y)$;所有图像的行数和列数分别为 M 和 N,则图像的大小为 $M \times N$;L 为图像总的灰度级。

5.5.3.1 根据单个图像统计特征的评价方法

1. 信息熵

信息熵是衡量图像信息丰富程度的一个重要指标,熵值的大小表示图像所包含的平均信息量的多少。一幅图像的信息熵表达式为

$$E = \sum_{i=0}^{L-1} P_i \log_2 P_i \tag{5-1}$$

式中:P_i 表示图像像元灰度值为 i 的概率。

融合图像的熵越大,表示融合图像的信息量越丰富,融合质量越好。

2. 图像均值

图像均值是像素的灰度平均值,对人眼反映为平均亮度。其表达式为

$$\bar{f} = \frac{1}{M \times N} \sum_{i=1}^{M} \sum_{j=1}^{N} F(x_i, y_j) \tag{5-2}$$

3. 平均梯度

平均梯度可用来评价图像的清晰程度,能反映出图像中微小细节反差和纹理变换特征。其表达式为

$$\overline{G} = \frac{1}{(M-1) \times (N-1)} \sum_{i=1}^{M} \sum_{j=1}^{N} \sqrt{\frac{\left(\frac{\partial F(x_i, y_j)}{\partial x_i}\right)^2 + \left(\frac{\partial F(x_i, y_j)}{\partial y_j}\right)^2}{2}} \tag{5-3}$$

一般来说,$\overline{G}$ 越大,图像层次越多,表示图像越清晰。

4. 标准差 σ

标准差反映了图像灰度相对于灰度平均值的离散情况,可用来评价图像反差的大小。其表达式为

$$\sigma = \sqrt{\frac{\sum_{i=1}^{M}\sum_{j=1}^{N}(F(x_i,y_j) - \bar{f})^2}{M \times N}} \tag{5-4}$$

如果标准差大,则图像灰度级分布较分散,图像的反差大,可以看出更多的信息;反之标准差小,则图像反差小,对比度不大,色调单一均匀,看不出太多的信息。

5. 空间频率 SF

空间频率反映了一幅图像空间的总体活跃程度,它包括空间行频率 RF 和空间列频率 CF。其表达式为

$$RF = \sqrt{\frac{1}{M \times N}\sum_{i=1}^{M}\sum_{j=2}^{N}[F(x_i,y_j) - F(x_i,y_{j-1})]^2} \tag{5-5}$$

$$CF = \sqrt{\frac{1}{M \times N}\sum_{i=2}^{M}\sum_{j=1}^{N}[F(x_i,y_j) - F(x_{i-1},y_j)]^2} \tag{5-6}$$

$$SF = \sqrt{RF^2 + CF^2} \tag{5-7}$$

这种方法计算比较简单,只需比较源图像与融合图像的统计特征值就可以看出融合前后的变化。

5.5.3.2 根据融合图像与标准参考图像关系的评价方法

1. 均方根误差

均方根误差用来评价融合图像与标准参考图像之间的差异程度。如果差异小,则表明融合的效果较好。其表达式为

$$RMSE = \sqrt{\frac{1}{M \times N}\sum_{i=1}^{M}\sum_{j=1}^{N}[F(x_i,y_j) - R(x_i,y_j)]^2} \tag{5-8}$$

2. 信噪比和峰值信噪比

一般以信息量是否提高、噪声是否得到抑制、均匀区域噪声的抑制是否得到加强、边缘信息是否得到保留、图像均值是否提高等来评价图

像融合后的去噪效果。

融合图像信噪比的表达式为

$$SNR = 10 \times \lg \frac{\sum_{i=1}^{M}\sum_{j=1}^{N} F(x_i,y_j)^2}{\sum_{i=1}^{M}\sum_{j=1}^{N}[F(x_i,y_j) - R(x_i,y_j)]^2} \tag{5-9}$$

融合图像峰值信噪比的表达式为

$$PNSR = 10 \times \lg \frac{M \times N \times [\max(F(x,y)) - \min(F(x,y))]}{\sum_{i=1}^{M}\sum_{j=1}^{N}[F(x_i,y_j) - R(x_i,y_j)]^2} \tag{5-10}$$

这种方法主要是通过比较融合图像和标准参考图像之间的关系来评价融合图像的质量以及融合效果的好坏。但是在实际应用中,它却由于使用标准参考图像而受到一定的限制。

5.5.3.3 根据融合图像与源图像关系的评价方法

1. 交叉熵

交叉熵是评价两幅图像差别的重要指标,它直接反映了两幅图像对应像素的差异,可以用来测定两幅图像灰度分布的信息差异。其表达式为

$$C = \sum_{i=0}^{L-1} P_i \log_2 \frac{p_i}{q_i} \tag{5-11}$$

式中:p_i 表示源图像像元灰度值为 i 的概率;q_i 表示融合图像像元灰度值为 i 的概率。

交叉熵值越小,则该融合方法从源图像提取的信息量越多。假设 C_{FA} 和 C_{FB} 分别代表源图像 A、B 与融合图像 F 的交叉熵,则在实际应用中,选择二者的平均值来描述融合结果与源图像的综合差异。则综合交叉熵表示为

$$\overline{C}_{FAB} = \frac{C_{FA} + C_{FB}}{2} \tag{5-12}$$

2. 交互信息量

交互信息量可以作为两个变量之间相关性的度量,或一个变量包

含另一个变量的信息量的度量。它是用来衡量融合图像与源图像的交互信息,从而评价融合的效果。F 与 A、B 的交互信息量分别表示为

$$MI_{FA} = \sum_{k=0}^{L-1} \sum_{i=0}^{L-1} P_{FA}(k,i) \log_2 \frac{P_{FA}(k,i)}{P_F(k) P_A(i)} \tag{5-13}$$

$$MI_{FB} = \sum_{k=0}^{L-1} \sum_{j=0}^{L-1} P_{FB}(k,j) \log_2 \frac{P_{FB}(k,j)}{P_F(k) P_B(j)} \tag{5-14}$$

式中:P_A、P_B 和 P_F 分别是 A、B 和 F 的概率密度(即图像的灰度直方图);$P_{FA}(k,i)$ 和 $P_{FB}(k,j)$ 分别代表两组图像的联合概率密度。则融合图像 F 包含源图像 A 和 B 的交互信息量总和可表示为

$$MI_F^{AB} = MI_{FA} + MI_{FB} \tag{5-15}$$

交互信息量是反映融合效果的一种客观指标,它的值越大,表示融合图像从源图像中获取的信息越丰富,融合效果越好。

另一种计算融合图像 F 与源图像 A、B 间交互信息量可表示为

$$MI_{FAB} = \sum_{k=0}^{L-1} \sum_{i=0}^{L-1} \sum_{j=0}^{L-1} P_{FAB}(k,i,j) \log_2 \frac{P_{FAB}(k,i,j)}{P_{AB}(i,j) P_F(k)} \tag{5-16}$$

式中:$P_{FAB}(k,i,j)$ 是图像 F、A、B 的归一化联合灰度直方图;$P_{AB}(i,j)$ 是源图像 A、B 的归一化联合灰度直方图。

3. 联合熵

联合熵可以作为两幅图像之间相关性的量度,反映了两幅图像之间的联合信息。则两幅图像 F 和 A 的联合熵可表示为

$$UE_{FA} = -\sum_{k=0}^{L-1} \sum_{i=0}^{L-1} P_{FA}(k,i) \log_2 P_{FA}(k,i) \tag{5-17}$$

式中:$P_{FA}(k,i)$ 代表两组图像的联合概率密度。一般来说,融合图像和源图像的联合熵越大,图像包含的信息越丰富。

同理还可将三幅图像(F、A、B)或以上的联合熵表示为

$$UE_{FAB} = \sum_{k=0}^{L-1} \sum_{i=0}^{L-1} \sum_{j=0}^{L-1} P_{FAB}(k,i,j) \log_2 P_{FAB}(k,i,j) \tag{5-18}$$

式中:$P_{FAB}(k,i,j)$ 是图像 F、A、B 的联合概率密度。

4. 偏差

偏差又称图像光谱扭曲值,指融合图像像素灰度平均值与源图像

像素灰度平均值之差。它反映了融合图像和源图像在光谱信息上的差异大小和光谱特性变化的平均程度。其表达式为

$$D = \frac{1}{M \times N}\sum_{i=1}^{M}\sum_{j=1}^{N}\left|F(x_i,y_j) - A(x_i,y_j)\right| \tag{5-19}$$

偏差值越小,表明差异越小,理想的情况下,$D=0$。

5. 相对偏差

相对偏差又称偏差度,指融合图像各个像素灰度值与源图像相应像素灰度值差的绝对值同源图像相应像素灰度之比的平均值。其表达式为

$$D_r = \frac{1}{M \times N}\sum_{i=1}^{M}\sum_{j=1}^{N}\frac{\left|F(x_i,y_j) - A(x_i,y_j)\right|}{A(x_i,y_j)} \tag{5-20}$$

相对偏差值的大小表示融合图像和源图像平均灰度值的相对差异,反映了融合图像与源图像在光谱信息上的匹配程度和将源高空间分辨率图像的细节传递给融合图像的能力。

6. 相关系数

融合图像与源图像的相关系数能反映两幅图像光谱特征的相似程度,其表达式为

$$\rho = \frac{\sum_{i=1}^{M}\sum_{j=1}^{N}([F(x_i,y_i) - \bar{f}][A(x_i,y_j) - \bar{a}])}{\sqrt{\sum_{i=1}^{M}\sum_{j=1}^{N}([F(x_i,y_j) - \bar{f}]^2[A(x_i,y_j) - \bar{a}]^2)}} \tag{5-21}$$

式中:$\bar{f}$和 $\bar{a}$分别为融合图像和源图像的均值。通过比较融合前后的图像相关系数,可以看出图像的光谱信息的改变程度。

5.5.4 小结

不同的评价方法有不同的特点和使用范围,在具体使用中,对图像融合效果应在主观目视评价的基础上,选取相应的客观评价方法来进行定量评价。将主观评价方法与客观评价方法结合起来进行综合评价才能得到一个科学合理的图像融合效果评价。

练习题

1. 认真对比图像融合各种处理方法的效果差别，以及各种方法之间的原理差异，并尝试利用所提供的评价方法进行效果评价。

2. 为什么算法的不同会带来融合效果的差异？

第6章 遥感影像预处理

6.1 实习内容及要求

影像的预处理是遥感应用的第一步,也是非常重要的一步,目前的技术也非常成熟,预处理的流程和重点在不同的应用领域也有差异。一般情况下,遥感数据预处理主要涉及影像的几何校正(地理定位、几何精校正、影像配准、正射校正等)、影像镶嵌、影像裁剪等内容。这些工作是对遥感影像进行后期处理和应用的前提。

本章的学习要求掌握以下内容:

(1)了解遥感影像几何畸变的原因并掌握几何校正的原理和方法。

(2)掌握遥感影像镶嵌的方法。

(3)能够根据不同要求完成遥感影像不同形式的裁剪。

6.2 遥感影像的几何校正

6.2.1 实验原理

几何校正的基本原理是回避成像的空间几何过程,直接利用地面控制点数据对遥感影像的几何畸变本身进行数学模拟,并且认为遥感影像的总体畸变可以看作是挤压、扭曲、缩放、偏移以及更高次的基本变形综合作用的结果。因此,校正前后图像相应点的坐标关系可以用一个适当的数学模型来表示。

几何校正的实现过程是:利用地面控制点数据确定一个模拟几何畸变的数学模型,以此建立原始影像空间与标准空间的某种对应关系,然后利用这种对应关系,把畸变影像空间中的全部像素变换到标准空间中,从而实现遥感影像的几何校正。

6.2.2 实验数据

郑州市地区的中巴资源卫星影像。

文件路径:chap6/Ex1。

待纠影像:daijiu. img。

参考影像:Reference. img。

6.2.3 实验过程

6.2.3.1 几何校正准备阶段

(1)启动 ERDAS IMAGE,单击 Viewer 模块,打开两个 Viewer 窗口,使两窗口平铺于桌面上,并分别打开有空间参考的控制影像和无空间参考信息的待纠影像(见图 6-1)。

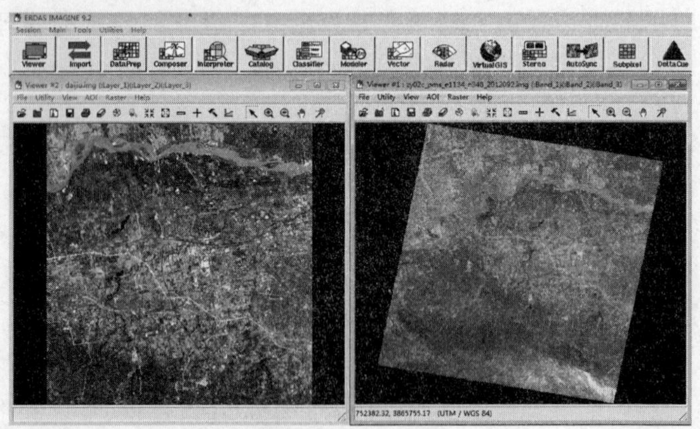

图 6-1　影像加载

(2)分别在两个 Viewer 窗口中点击"Utility | Layer Info",在 Projection Info 中查看原始影像和参考影像的空间参考信息(见图 6-2)。

(3)在待纠影像的 Viewer 菜单条中,选择"Raster | Geometric Correction",调出 Geometric Correction 模块。在打开的 Set Geometric Model

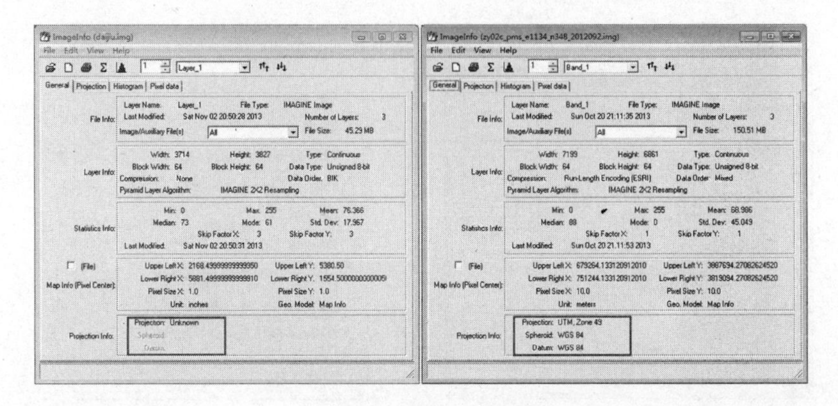

图 6-2　查看空间参考信息

对话框中,选择几何校正的模型 Polynomial,点击“OK”(见图 6-3)。程序自动打开 Geo Correction Tools 对话框(见图 6-4)和 Polynomial Model Properties 对话框(见图 6-5)。在 Polynomial Model Properties 对话框中设置“Polynomial Order”(多项式次数)为 2 次,点击“Close”关闭窗口,程序自动弹出 GCP Tool Reference Setup 对话框(见图 6-6)。

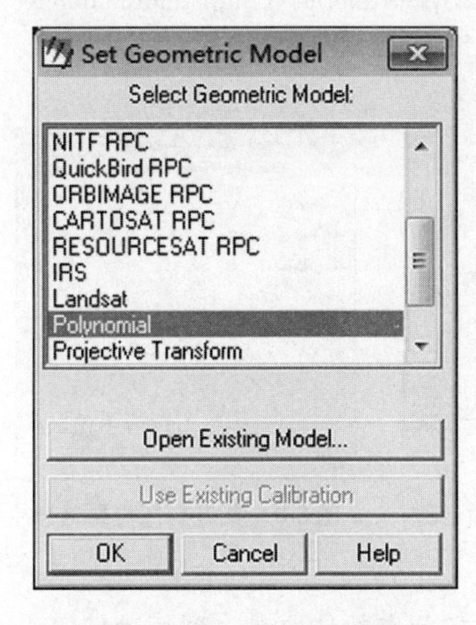

图 6-3　选择几何校正模型

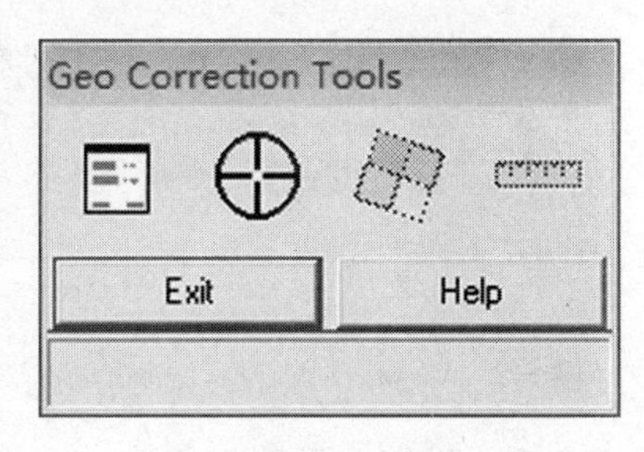

图 6-4　几何校正工具

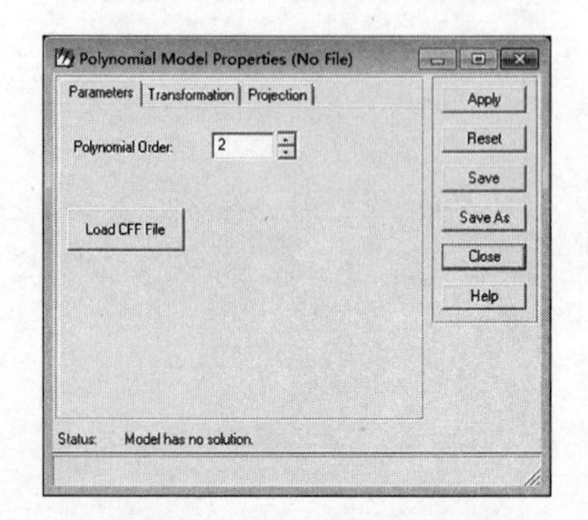

图 6-5 参数模型选择

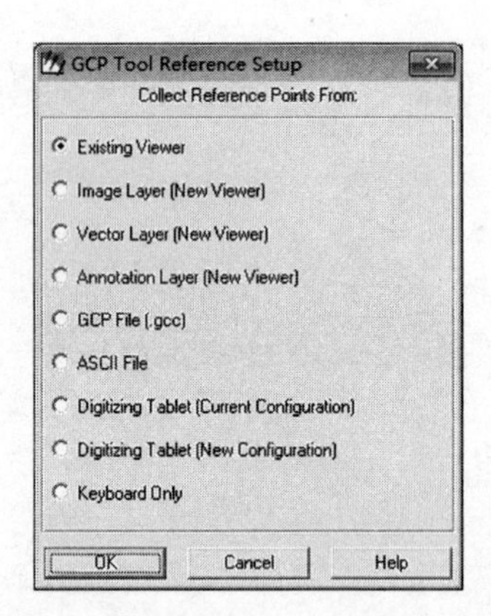

图 6-6 GCP Tool Reference Setup 对话框

(4)在打开的 GCP Tool Reference Setup 对话框中确定参考点的来源,在 ERDAS 给出的 9 种采点模式中选择 Existing Viewer,即从现有影像窗口中选择控制点(见图 6-6)。点击“OK”自动弹出 Viewer Selection Instructions 对话框,提示选择参考影像所在窗口(见图 6-7)。利用鼠标点击参考影像所在的 Viewer 窗口,出现 Reference Map Information 对话框,查看参考影像的投影信息(见图 6-8),确认无误后,点击“OK”,进入控制点采集窗口(见图 6-9)。

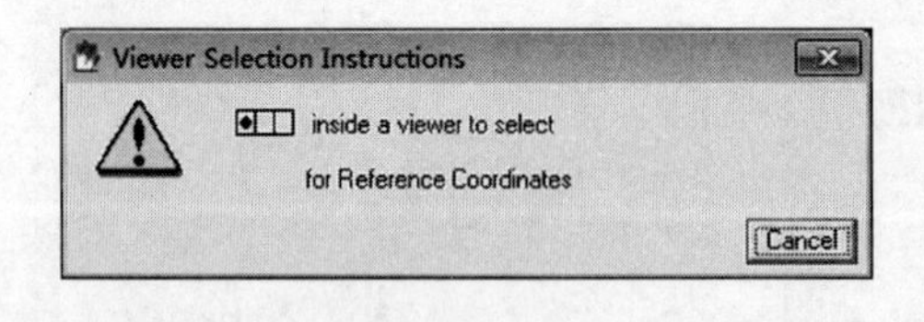

图 6-7 Viewer Selection Instructions 对话框

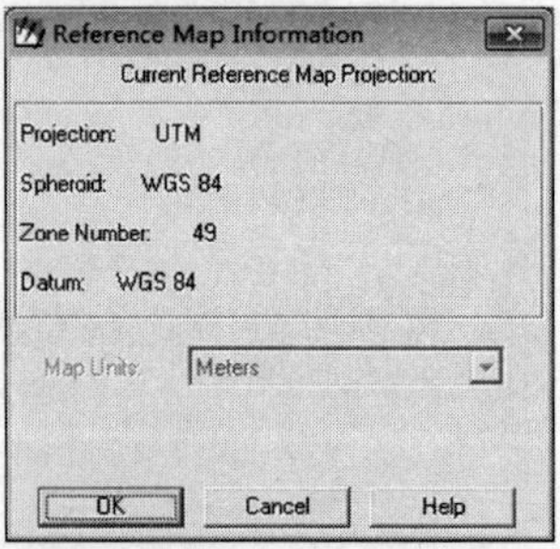

图 6-8 参考影像投影信息

6.2.3.2 采集地面控制点

(1)在整个几何校正的过程中,控制点的选取是一项烦琐但又十分重要的工作,在具体操作之前需要注意以下几个方面:

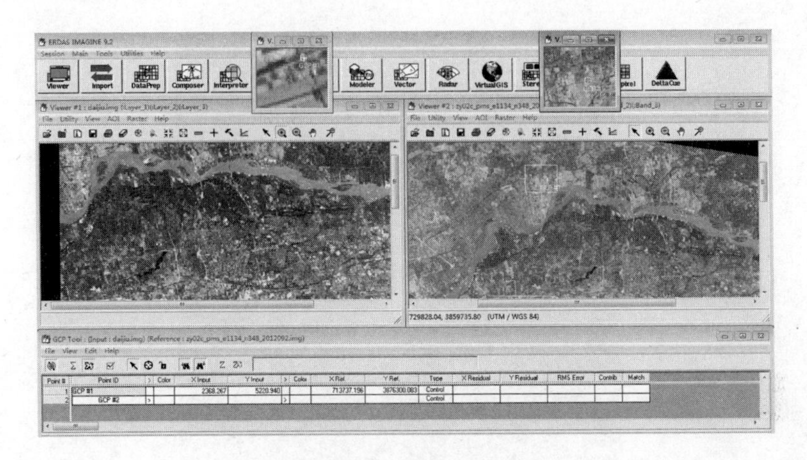

图 6-9　控制点采集界面

①控制点要以不易变化的地理标志物为主，如道路交叉口、山体裸岩、大型地标性建筑物等容易判别且位置固定的地方，对于水体、农田、村庄等这些容易变化的地理标志最好不要选取。例如河流交汇处虽然特征明显，但由于枯水期和丰水期的位置差别较大，所以尽量不要选择。

②在选取控制点的过程中要注意随时保存已经选取的控制点，以免在计算机或者软件出现意外情况时已经做好的大量工作不能及时保存。所有的待纠影像上的控制点，即输入 GCP 都可以直接保存在影像文件中(Save Input)，或者保存在控制点文件中(Save Input As)，以便以后调用。

具体的操作方法：在控制点采集界面最下方的 GCP Tool 对话框中，点击“File | Save Input”或“Save Input As”。

参考影像的 GCP(控制点)也可以类似地保存在参考影像文件(Save Reference)中或 GCP 文件(Save Reference As)中，也可用于以后的加载调用。操作方法与保存输入 GCP 一致。

③地面控制点的选取要注意均匀分布，且一开始四个控制点最好分布在一幅影像的四角(见图 6-10)。

(2)控制点选取的具体过程如下：

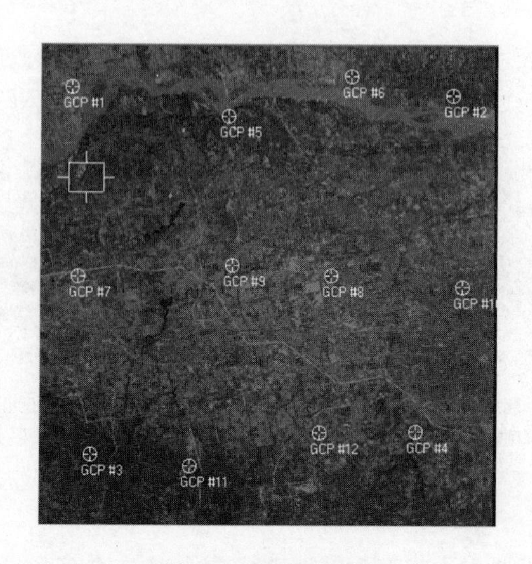

图 6-10　控制点分布

①先整体观察,找到待纠影像在参考影像中的相对位置,再同时将两幅影像的视图放大到同一区域,寻找明显地物特征点,确定控制点位置以后在 GCP 工具对话框中点击 Great GCP 图标,在待纠影像的控制点位置单击创建一个输入 GCP。

②在参考影像视窗中相对应的位置点击左键创建一个参考 GCP。点击选择 GCP 图标,可以选择已有的 GCP,对其位置进行调整,使 GCP 的位置更为精确。GCP 数据表将自动记录输入的控制点坐标信息。

以上两步便确定了两个影像的第一组控制点(见图 6-11)。

在图 6-11 中,左侧是待纠影像的局部,右侧是相对应的参考影像的局部。GCP#1 表示第一组控制点,该组控制点位于两条道路的交叉口,白色直线状地物即为道路,左上角黑色弯曲线状地物为河渠,其余部分的块状地物为农田。

③不断重复上述步骤,采集足够数量的 GCP,直到满足所选用的几何校正模型要求。需要注意的是,在采集控制点的过程中,系统会自动计算转换模型,输出每个 GCP 的残差,并显示在 GCP Tool 对话框中。因此在采集过程中可以根据残差对 GCP 的位置做相应的微调,以逐步

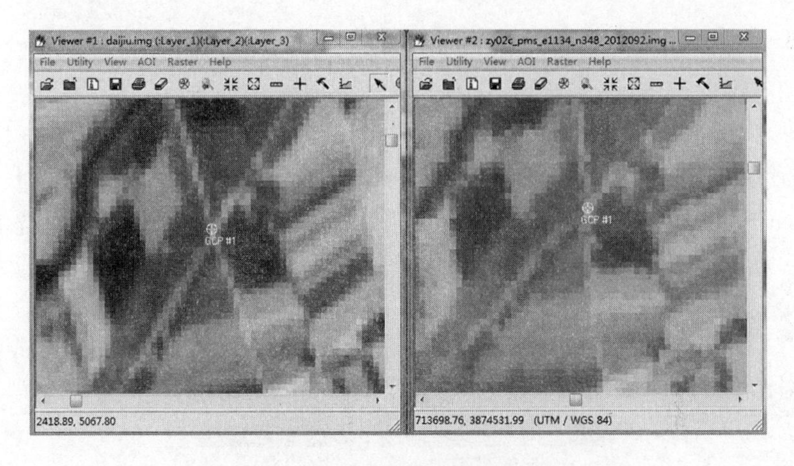

图 6-11　第一组控制点的选取

优化校正模型。直到采集够满足需要数量的控制点并均匀分布于影像中(见图 6-10),才能进行后续几何校正的操作。

6.2.3.3　采集地面检查点(可选步骤)

以上所采集的 GCP 是用于建立转换模型及解算多项式方程的控制点,而同时也需要采集地面检查点用于检验所建立的转换方程的精度和实用性。如果采集的控制点整体残差较小,则此步骤亦可省略。

采集地面检查点的具体过程如下:

①在 GCP Tool 菜单条中选择将 GCP 类型改为检查点:Edit | Set Point Type | check,并确定 GCP 匹配参数:Edit | Point matching,打开 GCP Matching 对话框进行参数设置。

②采集地面检查点,其操作步骤与采集控制点的过程相同。

③检查点采集完成后,在 GCP Tool 工具条中点击 Compute Error 图标☑,计算检查点误差。检查点的误差会显示在 GCP Tool 的上方,在所有检查点的误差小于一个像元时,才能往后进行。

6.2.3.4　影像重采样

由控制点确定了多项式变换的系数,就可以通过几何变换和重采样输出纠正影像。具体过程如下:

(1)首先在 Geo Correction Tools(见图 6-4)对话框中点击 Model

Properties 图标▤,打开 Polynomial Model Properties 对话框(见图 6-5),检查参数设置,确认无误后点击“close”关闭。

(2)同样在 Geo Correction Tools 对话框中选择 Image Resample 图标▦,打开 Resample 对话框(见图 6-12),并定义重采样参数。在 Output File 框中设置输出影像的路径及名称,在 Resample Method 复选框中选择重采样的方法。在 Output Cell Sizes 下可以设置输出像元的大小。

(3)参数设置好以后单击“OK”启动重采样进程,并关闭 Resample 对话框。运算完成后点击“OK”完成影像的几何校正。

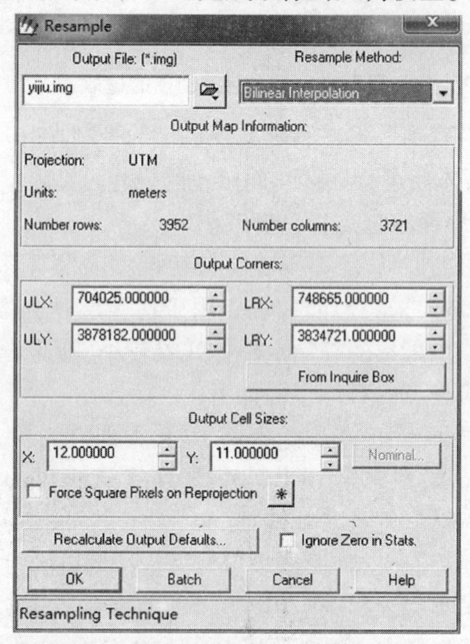

图 6-12 Resample 对话框

6.2.3.5 质量检查

为了直观地检验几何校正的结果,需要对重采样得到的影像与参考影像进行叠加显示。具体方法如下:

(1)在同一个 Viewer 窗口先后打开参考影像和重采样后生成影

像,需要注意的是,在加载重采样生成的影像时需要先在 Raster Options 选项中将 Clear Display 前面的勾选框去掉(见图 6-13),否则加载新影像时原有影像会被清除。

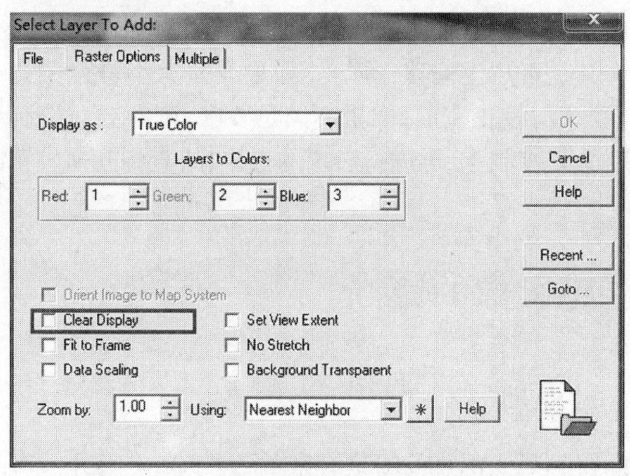

图 6-13　同时加载参考影像和重采样影像

(2)在 Viewer 窗口上方点击 Utility 菜单下的 Swipe,调出 Viewer Swipe 对话窗口(见图 6-14(a)),放大图像并拉动滑动按钮检查上下两层图像的配准情况(见图 6-14(b))。

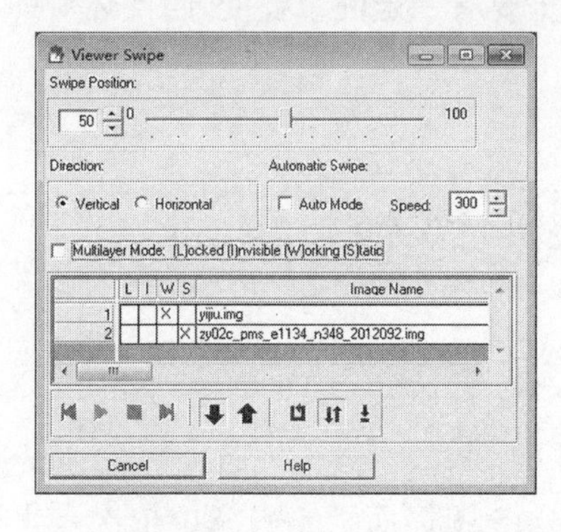

(a)Viewer Swipe 对话框

(b)影像检查

图 6-14　质量检查

(3)在进行质量检查时可以根据线状地物以及明显的点状地物标志来判断校正后的影像与参考影像误差的大小。例如:对于同一条东西向的道路,可以判断其在校正影像和参考影像中是否上下错开,同样可以判断南北向的道路是否东西错开;对于明显的地标性建筑,可以对比两幅图看其是否产生偏移,等等。如果误差大小符合相关工作或研究的需要,则几何校正完成,如果不满足要求,则需要对控制点进行调整或者重新采集控制点,再进行影像的重采样,直到几何校正结果满足要求。

6.3 遥感影像的镶嵌

6.3.1 实验原理

单景的遥感影像覆盖范围是有限的,对于高空间分辨率的影像更是如此。在实际应用中往往需要多景影像才能覆盖整个研究区。将若干相邻的不同影像文件无缝地拼接成一幅完整的覆盖整个研究区的影像就是遥感影像的镶嵌。通过镶嵌可以获得覆盖范围更大的影像,而且用于镶嵌的影像可以是多源的、不同时相和不同空间分辨率的。但是要求用于镶嵌的影像之间在空间上要有一定的重叠度,而且必须具有相同的波段数。

6.3.2 实验数据

郑州市地区两景相邻的校正后的中巴资源 2 号卫星影像。

文件路径:chap6/Ex2。

待镶嵌影像: map_01. img,map_02. img,map_03. img。

6.3.3 实验过程

(1)启动影像镶嵌工具:在 ERDAS 图标面板工具条中依次点击"Dataprep 图标 | Data preparation | Mosaic Images",打开 Mosaic Tool 视窗。

(2)加载影像,在 Mosaic Tool 视窗菜单条中,Edit | Add images,打开 Add Images for Mosaic 对话框,依次加载需要镶嵌的影像。或者直接单击图标加载影像(见图 6-15)。

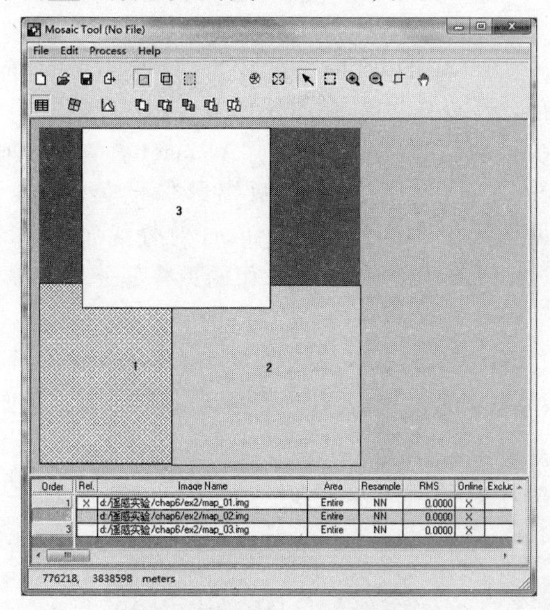

图 6-15 Mosaic Tool 对话框

图 6-16 Set Overlap Function 对话框

(3)在 Mosaic Tool 视窗工具条中,点击 Set Input Mode 图标,进入设置图像模式的状态,利用系统所提供的编辑工具,进行图像叠置组合调整。各图标的主要作用见表 6-1。

表 6-1 ERDAS 影像镶嵌调整图层叠置顺序的主要工具及其功能

图标	功能
	将目前选中的图层置于顶层
	将目前选中的图层置于底层
	将目前选中的图层向上移动一层
	将目前选中的图层向下移动一层
	将目前选中的图层多个图层交换上下顺序

根据实际需要,若需要调整某个或某几个图层的次序,可以直接点击某个图层,也可在 Mosaic Tool 视窗下方的图层信息列表中选择。被选中之后的图层会显示为黄色,再根据表 6-1 中各个图表的功能对其叠置次序进行调整。

(4)点击“Edit | Set Overlap Function”,打开 Set Overlap Function 对话框,进行图层重叠部分处理的设置(见图 6-16)。ERDAS 提供了 5 种不同的叠置处理方式,分别是:Overlay(覆盖)、Average(叠置部分取两幅影像的均值)、Minimum(叠置部分取两幅影像的最小值)、Maximum(叠置部分取两幅影像的最大值)、Feather(对叠置部分进行羽化处理)。在此选择 Overlay 选项,即对于影像的重叠部分,以上层的影像覆盖下层影像。

(5)点击“Process | Run Mosaic”,在弹出的 Output File Name 对话框中进行输出路径的设置并命名。单击“OK”等待运行结束,完成影像镶嵌(见图 6-17)。

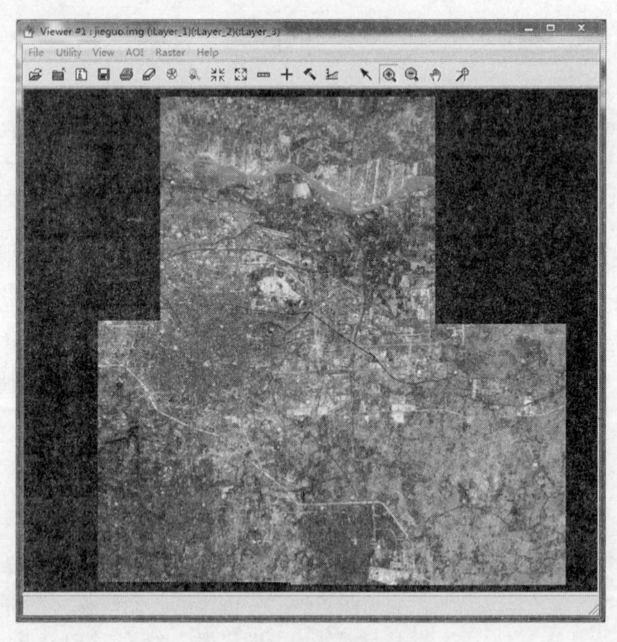

图 6-17 影像镶嵌结果

6.4 遥感影像的裁剪

6.4.1 实验原理

在实际工作或研究中,一般需要根据工作的范围或研究区域对遥感影像进行分幅裁剪(Subset Image)。按照 ERDAS 实现影像分幅裁剪的过程,可以将影像分幅裁剪分为两类:即规则裁剪和不规则裁剪。其中,规则裁剪指的是裁剪的边界范围是一个规则的矩形,只需要确定裁剪范围左上角和右下角两点的 X、Y 坐标就可以得到影像裁剪的区域位置,裁剪过程比较简单。不规则裁剪是指裁剪区域的边界范围是任意的多边形,无法通过左上角和右下角的坐标来确定裁剪位置,而必须事先绘制一个完整的闭合多边形区域,可以是一个 AOI 多边形,也可以是其他 ERDAS 支持的矢量格式的多边形区域(本书提供的数据为 ArcInfo 的 shapefile 矢量格式),针对不同情况采用不同的裁剪过程。

6.4.2 实验数据

(1)郑州市境内荥阳地区的资源卫星影像(以 6.1 节中几何校正参考影像作为裁剪影像)。

文件路径:chap6/Ex1。

文件名称:Reference. img。

(2)荥阳县行政边区域矢量数据。

文件路径:chap6/Ex3。

文件名称:xingyang. shp。

6.4.3 实验过程

6.4.3.1 规则裁剪

方法一:输入坐标值裁剪。

(1)在 ERDAS 图标面板工具条中,点击"DataPrep | Data Preparation | Subset Image"(见图 6-18),打开 Subset Image 对话框(见

图 6-19)。

点击 Input File,(＊. img)框右侧的浏览按钮,找到需要裁剪的影像,并打开。

点击 Output File,(＊. img)框右侧的浏览按钮,找到输出影像存储的文件夹,并将输出影像命名为“规则裁剪 . img”。

(2)在 Subset 对话框中对需要裁剪的范围参数进行设置(见图 6-19)。

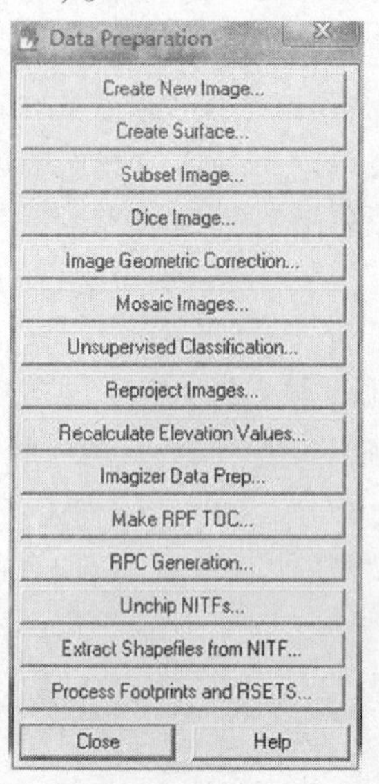

图 6-18　Data Preparation 对话框

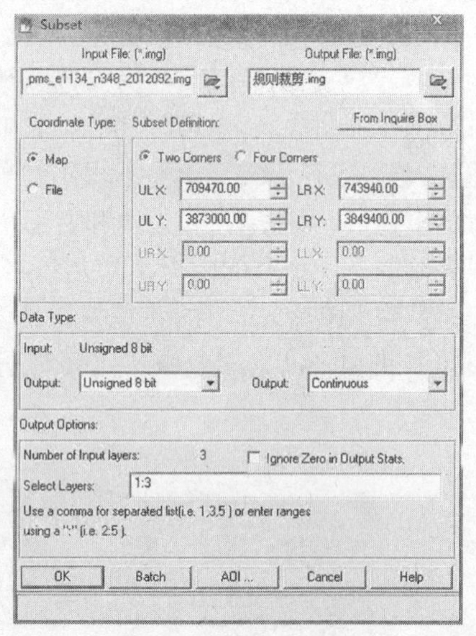

图 6-19　Subset 对话框

在 Subset Definition 复选框下可以选择 Two Corners(只输入待裁剪区域左上角和右下角坐标)确定裁剪范围,也可选择 Four Corners(需输入待裁剪区域四个角的坐标)确定裁剪范围。

在进行裁剪范围的坐标输入之前,需要在 Viewer 窗口中打开待裁剪的影像以确定裁剪范围四个角的具体 X、Y 坐标(见图 6-20)。具体操作:将光标移至影像的任一位置,可以在 Viewer 窗口最下方的信息框中查看光标当前所在位置的 X、Y 坐标值。

(3)点击“OK”运行,得到规则裁剪的结果(见图 6-21)。

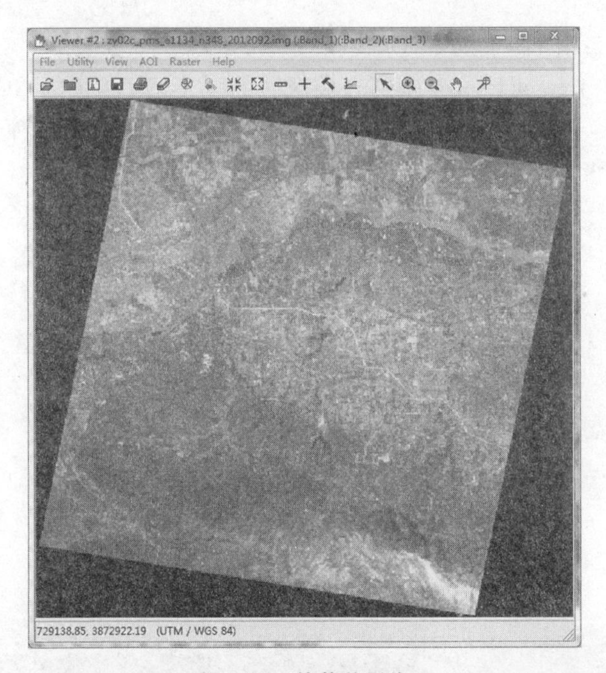

图 6-20　待裁剪影像

图 6-21　裁剪后影像

方法二:绘制规则 AOI 区域裁剪。

AOI(Area of Interest),感兴趣区。等同于 ENVI 中的 ROI(Region of Interest),可以通过遥感软件提供的工具进行绘制,是一种矢量数据类型,在遥感影像的裁剪、监督分类等功能中十分常用。

(1)打开一个 Viewer 窗口,添加需要进行裁剪的影像,点击 Viewer 窗口中 AOI 菜单栏下的 Tool…命令,打开 AOI 工具箱,左键点击工具箱中工具(见图 6-22),在图像上确定裁剪范围,可以由左上角到右下角画一个矩形(见图 6-23)。完成后,可以点击图框边缘进行修正。

注意:一定要使切割范围图层处于选中状态。

(2)点击 DataPrep 图标,打开 Data Preparation 模块,点击"Subset Image…"命令,打开裁剪模块(见图 6-24)。在 Input File,(*.img)框中加载需要裁剪的影像。在 Output File,(*.img)框中选择影像存储的文件夹,并将输出影像命名为"AOI 裁剪.img"。

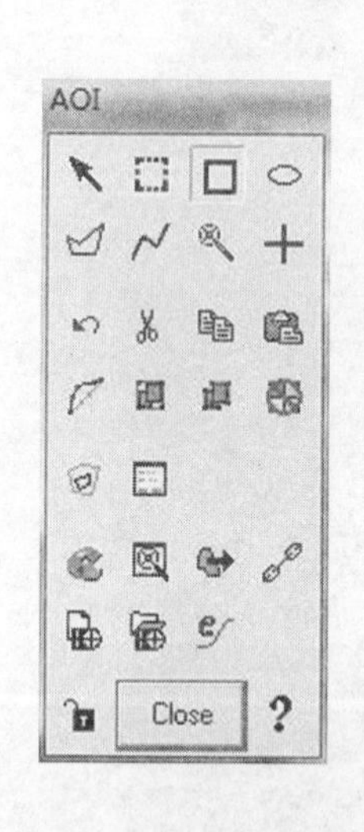

图 6-22　AOI 工具箱

图 6-23　绘制 AOI 区域

(3)点击对话框下方的"AOI"按钮,打开 Choose AOI 对话框,并选择"Viewer"选项(见图 6-25)。点击"OK",关闭 Choose AOI 对话框。在 Subset 对话框中点击"OK"完成裁剪,结果如图 6-26 所示。

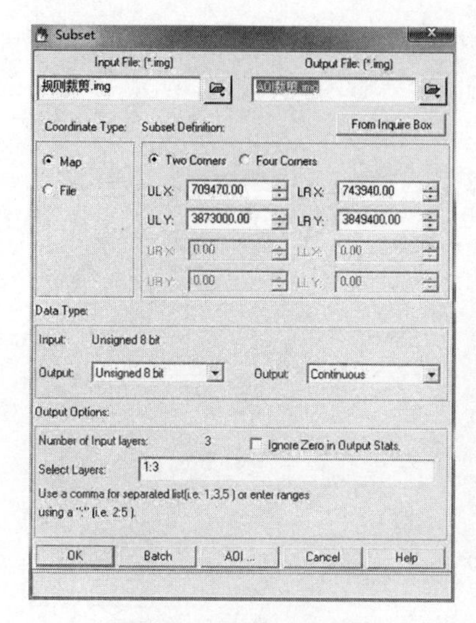

图 6-24　Subset 对话框

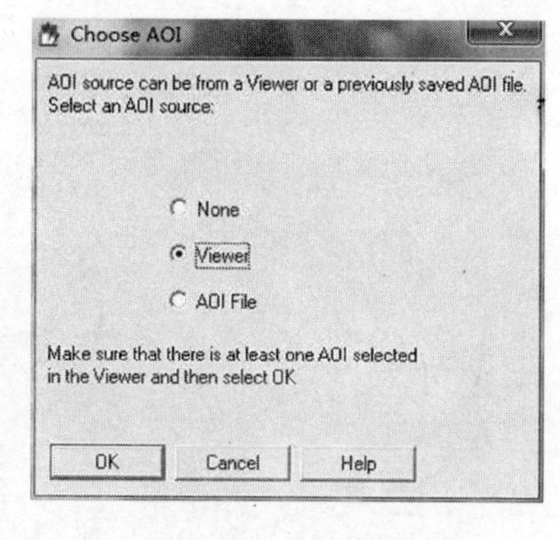

图 6-25　Choose AOI 对话框

图 6-26　裁剪结果

6.4.3.2　不规则裁剪

方法一:绘制不规则 AOI 区域裁剪。

用 AOI 方法进行不规则裁剪和上述 AOI 规则裁剪的方法基本相同，只是在选定裁剪区域时用工具 划定不规则 AOI 边界（见图 6-27）。

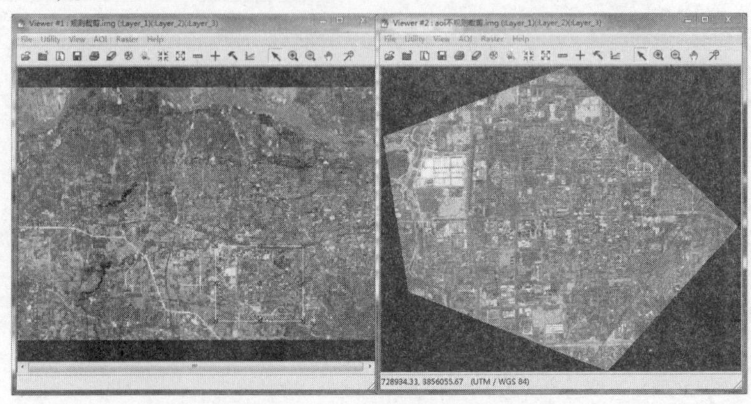

图 6-27　AOI 不规则裁剪结果

方法二：矢量多边形裁剪。

（1）打开一个 Viewer 窗口，将需要裁剪的影像和荥阳市边界矢量数据同时加入。

注意：矢量数据和所要裁剪的影像必须有相同的坐标系（本书提供的实验数据为 UTM/WGS 84 坐标系）。

（2）在 Viewer 窗口中点击“Vector | Viewing Properties”，保证 Polygon 被选中，然后点击“Close”按钮即可（见图 6-28）。

（3）用光标选中 Viewer 窗口中的矢量文件（选中后会变成黄色），然后点击图像窗口“AOI | Copy Selection to AOI”，这样便建立了一个 AOI 文件（见图 6-29）。再点击“File | Save | AOI layer As”，将该 AOI 文件保存。

（4）在 Dataprep | Subset Image 下设置好输入输出文件的路径和名称，并点击下方的“AOI”按钮打开 Choose AOI 对话框，选择“AOU FILE”选项（见图 6-30），并添加由上一步生成的 AOI 文件。点击“OK”后进行裁剪即可。裁剪结果如图 6-31 所示。

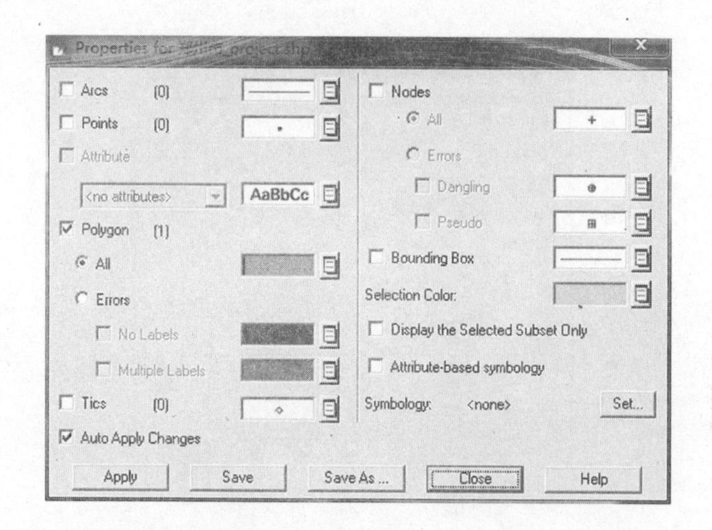

图 6-28　Viewing Properties 对话框

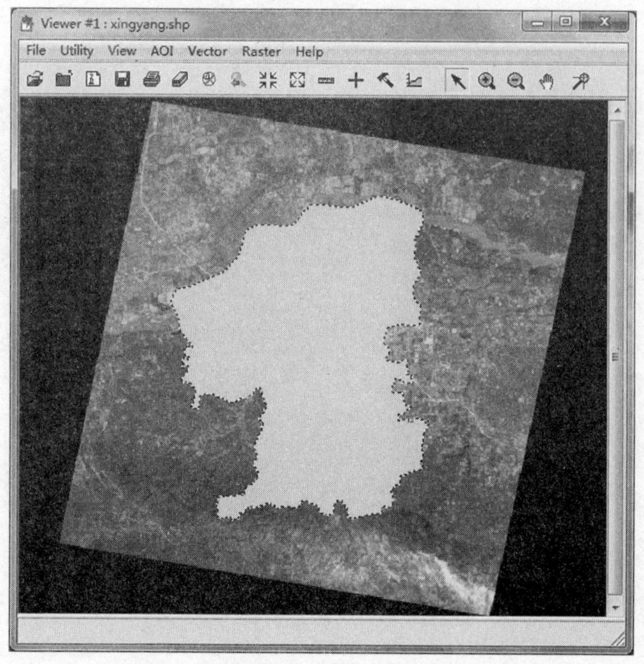

图 6-29　建立 AOI

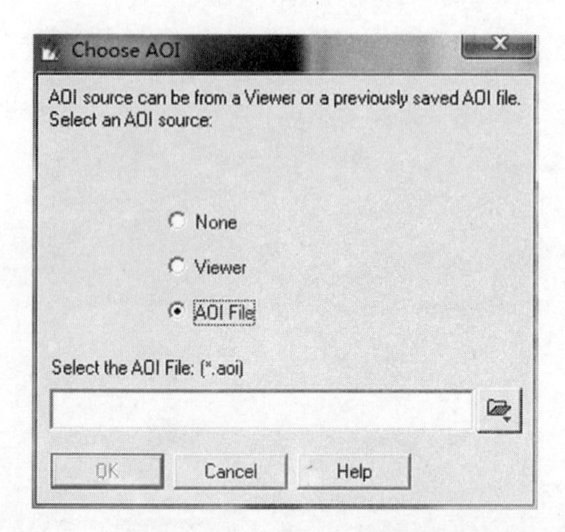

图 6-30　Choose AOI 对话框

图 6-31　矢量裁剪结果

练习题

1. 根据几何校正前后的比较图,说明几何校正后影像的变化及产生变化的原因。

2. 几何校正时如何进行控制点的选择?如何减少误差?

3. 影像镶嵌的目的是什么?有哪些方法可以进行镶嵌时的影像匹配工作?

4. 根据裁剪前后对比图,分析各种裁剪方式的不同作用。

第7章　目视解译

7.1　实习内容及要求

目视解译是遥感图像解译的基础,又称目视判读,或目视判译,是遥感成像的逆过程。它指专业人员通过直接观察或借助辅助判读仪器在遥感图像上获取特定目标地物信息的过程。目视解译是信息社会中的地学研究和遥感应用的一项基本技能。通过影像解译可以适时、准确地获取资源与环境信息,如重大灾害信息等,为社会经济发展提供定性、定量与定位的信息服务。

本章的实习中,应掌握以下内容:

(1)遥感图像目标地物的识别特征。

(2)了解目视解译的方法。

(3)熟悉目视解译的主要过程。

7.2　遥感图像目标地物识别特征

遥感图像中由光谱、辐射、空间和时间特征等决定的图像视觉效果、表现形式和计算特点的差异就是我们所说的解译标志。而目视解译的目的就是从遥感图像中获取需要的地学专题信息,它需要解决的问题是判读出遥感图像中有哪些地物,分别在哪里分布,并粗略估计其数量特征。

解译标志是比较和区分地物图像的条件。通过解译的标志,我们可以方便地看到各类地物的不同表现特征。这些特征是地物电磁辐射差异在遥感影像上的典型反映。解译标志大体分为以下几类。

色调:全色遥感图像中从白到黑的密度叫作色调。如图片地物中含水量的不同会产生不同的色调,含水量多的地物在黑白影像中显示发黑,含水量少的地物则显示发白。同一地物在不同的波段上有色调差异,季节不同,即便同一波段同一地物的色调也会不同。如图 7-1 所示为郑州城区一处水体和周围建筑物对比。

形状:不同的地物类型在遥感图像上呈现的外部轮廓是不同的。如河流、公路等在遥感图像中均有特殊形状。一般用垂直拍摄的遥感图像来判读地物的形状。图像显示的形状与地物本身的形状和性质有密切关系。例如,7-2 所示为郑州大学两座半圆型教学楼。

图 7-1 色调标志

图 7-2 形状标志

位置:目标地物所分布的地点和所处的环境决定了它的位置,而且总是与环境存在着一定的空间联系,并在一定程度上受地理环境制约,作为目标地物的基本特征而成为判读地物的重要标志。如图 7-3 所示,我们可以从建筑物与飞机的相对位置判断这是机场。

大小:目标地物在遥感图像上的形状、面积与体积的度量。判读大小时需要注意比例尺。如图 7-4 所示为郑州东区 CBD 中心,注意道路、湖与建筑物的大小比例。

纹理:图像内部色调有规律的变化,并以一定的频率重复出现造成的影像结构。能够反映目标地物表面的质感。一般农田呈条带状纹理,林地呈现簇状纹理特征,如图 7-5 所示。

阴影:由于受太阳光照的角度、照射方向和地物起伏的形状影响,

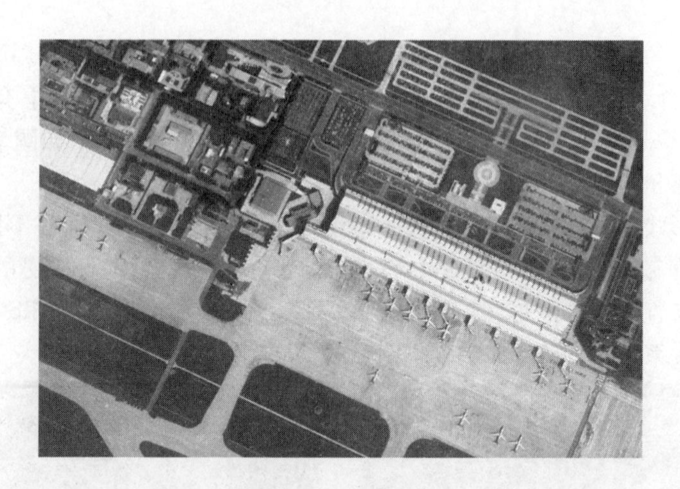

图 7-3　位置标志

图 7-4　大小标志

图像上光束被地物遮挡产生地物的影子可以了解其建筑的结构。如图 7-6中所示建筑群的阴影(包括本影和落影)。

图案:目标地物有规律的排列而成的图像结构。例如住宅建筑群在城乡上呈现的图形,依此我们可判读出目标地物类型,如图 7-7所示。

图 7-5　纹理标志

图 7-6　阴影标志

图 7-7　图案标志

7.3 目视解译的方法

7.3.1 解译前工作

解译前工作包括收集资料,选取成像时间、比例尺、空间分辨率等合适的影像数据作为目视解译的目标。同时,要了解解译地区的实地情况,反复对比、联系二者的对应关系。

7.3.2 遥感影像判读的原理方法

7.3.2.1 遥感摄影像片的判读

常见的遥感扫描影像类型有:专题绘图仪获取的 MSS 影像、多光谱扫描仪、TM 影像;具有较高的地面分辨率的 SPOT 影像、QUICKBIRD 影像;资源一号卫星 CBERS 影像等。

摄影像片的解译标志:解译标志分为直接判读标志和间接解译标志。

直接判读标志:指能够直接反映和表现目标地物信息的遥感图像的各种特征,包括遥感摄影像片的色调、色彩、大小、形状、阴影、纹理、图形。

间接解译标志:指能够间接反映和表现目标地物信息的遥感图像的各种特征,借助它可以推断与某地物属性相关的其他现象。

7.3.2.2 遥感扫描影像的判读

遥感扫描影像目视解译是指根据遥感影像目视解译标志和解译经验,识别目标地物的方法与技巧。

主要解译方法有:

(1)直接判读法:根据遥感影像目视判读直接标志,直接确定目标地物属性与范围的一种方法。

(2)对比分析法:包括同类地物对比分析法、空间对比分析法和时相动态对比法。

同类地物对比分析法:在同一景遥感影像上,由已知地物推出未知目标地物的方法。

空间对比分析法:由已知熟悉影像区域为依据判读未知区域影像的一种方法。

时相动态对比法:将同一地区不同时间成像的遥感影像加以对比分析,了解同一目标地物的动态变化。

(3)信息复合法:将透明专题图或地形图与遥感图像叠加,根据专题图或地形图提供的多种辅助信息,识别遥感图像上目标地物的方法。

(4)综合推理法:综合考虑遥感图像多种解译特征,结合生活常识,分析、推断某种目标地物的方法。

(5)地理相关分析法:根据地理环境中各种地理要素之间的相互依存、相互制约的关系,借助专业知识,分析推断某种地理要素性质、类型、状况与分布的方法。

7.3.3 室内详细判读

着重把握目标物体的综合特征进行解译(见表7-1),如形状、大小、阴影、色调、颜色、纹理、图案、位置和布局等。也可利用遥感影像的成像时刻、季节、影像种类和比例尺等间接解译标志来识别目标地物。同时,将遇到的疑难点进行标记,对于模糊不清的边界或目标以及有待于进一步确定的问题详细记录下来,留于野外核查确定。

7.3.4 野外验证与补充

野外核查以检验目视判读的质量和解译精度。主要内容有两个方面:

(1)通过将专题图图斑与地物类型相对照来检验解译的正确性,一般采取随机采样的方式进行。

(2)验证图斑的边界是否准确,并且根据实际考察的结果修正有误差的边界,再依据新的边界进行再解译。

7.3.5 对解译类型的转绘与制图

按制图精度要求将解译原图上的类型界限转绘到地理底图上,转绘中应做到图斑界限粗细一致，可对各种类型进行着色等图面修饰。

表 7-1　土地分类部分解译标志

土地类型	图像示例	解译标志
耕地	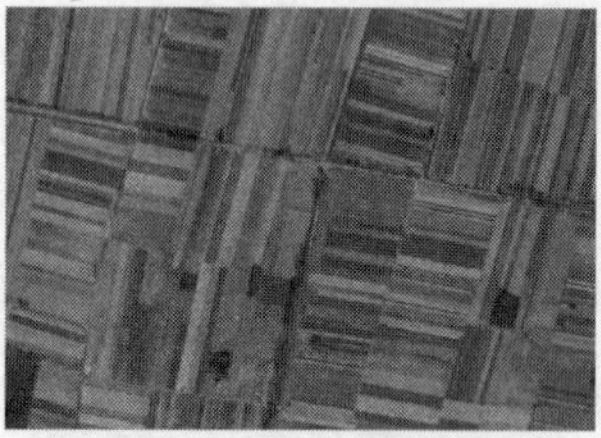	从色调上看，耕地大多为绿色，农作物成熟时期颜色会有变化，条带状细密纹理，阴影不明显。一般情况下面积较大并且有不规则形状，边界有田坎。水田呈地块较小的矩形，颜色稍暗，梯田呈平行的环状结构
草地		草地颜色呈绿色，大小不定，纹理呈条带状，碎斑点状，颗粒感明显，有阴影，一般与水体或建筑设施邻近。它的解译特征容易与林地混淆，解译时一定要多注意
林地	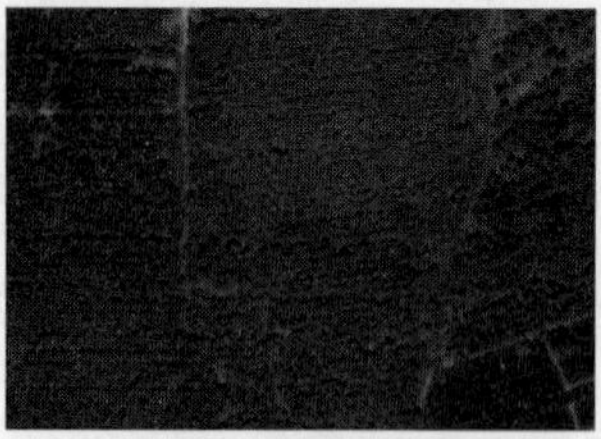	林地呈深绿色调，一般呈条带状分布，通常边界不明显，阴影较明显
湖泊		一般呈深蓝色调，纹理均匀，有清晰的边界，一般呈较规则形状，斑块面积一般不大

续表 7-1

土地类型	图像示例	解译标志
河流		水域颜色以蓝黑色为主,根据季节不同可呈现不同深度的蓝色,水陆边界清晰,纹理细腻均一。河流含有泥沙或叶绿素时会发生相应变化。河滩一般沿着水域分布,大多数颜色较浅且纹理细腻
交通运输用地		一般呈浅色调,较新的道路色调更亮,铁路、公路等线条颜色分明,纹理均一且形状通常笔直,宽窄不一,纵横交错
建设用地		建设用地中城镇村和工矿用地有色调不一样,几何特征一般呈条块状且边界清晰。一般被明显的道路分割为规则的小块,纹理均一

7.4 目视解译的过程

7.4.1 实验数据

实验用图为郑州市区及周边的 Google Earth 影像,我们先要学习遥感影像的成像特点和色调变化分辨率等基本信息。

计算机、ERDAS 遥感软件、透明纸、橡皮、皮尺、铅笔等是目视解译过程中需要使用的工具。

7.4.2 实验过程

7.4.2.1 土地利用分类体系

熟悉土地利用分类的体系,主要根据土地利用现状分类标准(GB/T 21010—2007)中的具体类型对各个地类进行认识。如表 7-2 所示。

表 7-2 土地利用现状分类标准(GB/T 21010—2007)

土地利用现状分类标准(GB/T 21010—2007)		
一级类	二级类	含义
01 耕地		指种植农作物的土地,包括熟地,新开发、复垦、整理地,休闲地(含轮歇地、轮作地);以种植农作物(含蔬菜)为主,间有零星果树、桑树或其他树木的土地;平均每年能保证收获一季的已垦滩地和海涂。耕地中包括南方宽度 <1.0 m,北方宽度 <2.0 m 固定的沟、渠、路和地坎(埂);临时种植药材、草皮、花卉、苗木等的耕地,以及其他临时改变用途的耕地
	011 水田	指用于种植水稻、莲藕等水生农作物的耕地,包括水生、旱生农作物轮种的耕地
	012 水浇地	指有水源保证和灌溉设施,在一般年景能正常灌溉,种植旱生农作物的耕地,包括种植蔬菜等的非工厂化的大棚用地
	013 旱地	指无灌溉设施,主要靠天然降水种植旱生农作物的耕地,包括没有灌溉设施,仅靠引洪淤灌的耕地

续表 7-2

土地利用现状分类标准(GB/T 21010—2007)		
一级类	二级类	含义
02 园地		指种植以采集果、叶、根、茎、汁等为主的集约经营的多年生木本和草本作物,覆盖度大于50%和每亩株数大于合理株数70%的土地,包括用于育苗的土地
	021 果园	指种植果树的园地
	022 茶园	指种植茶树的园地
	023 其他园地	指种植桑树、橡胶、可可、咖啡、油棕、胡椒、药材等其他多年生作物的园地
03 林地		指生长乔木、竹类、灌木的土地,及沿海生长红树林的土地,包括迹地,不包括居民点内部的绿化林木用地、铁路、公路征地范围内的林木,以及河流、沟渠的护堤林
	031 有林地	指树木郁闭度≥0.2的乔木林地,包括红树林地和竹林地
	032 灌木林地	指灌木覆盖度≥40%的林地
	033 其他林地	包括疏林地(指树木郁闭度10%~19%的疏林地)、未成林地、迹地、苗圃等林地
04 草地		指生长草本植物为主的土地
	041 天然牧草地	指以天然草本植物为主,用于放牧或割草的草地
	042 人工牧草地	指人工种植牧草的草地
	043 其他草地	指树木郁闭度<0.1,表层为土质,生长草本植物为主,不用于畜牧业的草地

续表 7-2

土地利用现状分类标准(GB/T 21010—2007)		
一级类	二级类	含义
05 商服用地		指主要用于商业、服务业的土地
	051 批发零售用地	指主要用于商品批发、零售的用地,包括商场、商店、超市、各类批发(零售)市场、加油站等及其附属的小型仓库、车间、工场等的用地
	052 住宿餐饮用地	指主要用于提供住宿、餐饮服务的用地,包括宾馆、酒店、饭店、旅馆、招待所、度假村、餐厅、酒吧等
	053 商务金融用地	指企业、服务业等办公用地,以及经营性的办公场所用地,包括写字楼、商业性办公场所、金融活动场所和企业厂区外独立的办公场所等用地。
	054 其他商服用地	指上述用地以外的其他商业、服务业用地,包括洗车场、洗染店、废旧物资回收站、维修网点、照相馆、理发美容店、洗浴场所等用地
06 工矿仓储用地		指主要用于工业生产、采矿、物资存放场所的土地
	061 工业用地	指工业生产及直接为工业生产服务的附属设施用地
	062 采矿用地	指采矿、采石、采砂(沙)场、盐田、砖瓦窑等地面生产用地及尾矿堆放地
	063 仓储用地	指用于物资储备、中转的场所用地
07 住宅用地		指主要用于人们生活居住的房基地及其附属设施的土地
	071 城镇住宅用地	指城镇用于生活居住的各类房屋用地及其附属设施用地,包括普通住宅、公寓、别墅等用地
	072 农村宅基地	指农村用于生活居住的宅基地

续表 7-2

土地利用现状分类标准(GB/T 21010—2007)

一级类	二级类	含义
08 公共管理与公共服务用地		指用于机关团体、新闻出版、科教文卫、风景名胜、公共设施等的土地
	081 机关团体用地	指用于党政机关、社会团体、群众自治组织等的用地
	082 新闻出版用地	指用于广播电台、电视台、电影厂、报社、杂志社、通讯社、出版社等的用地
	083 科教用地	指用于各类教育,独立的科研、勘测、设计、技术推广、科普等的用地
	084 医卫慈善用地	指用于医疗保健、卫生防疫、急救康复、医检药检、福利救助等的用地
	085 文体娱乐用地	指用于各类文化、体育、娱乐及公共广场等的用地
	086 公共设施用地	指用于城乡基础设施的用地。包括给排水、供电、供热、供气、邮政、电信、消防、环卫、公用设施维修等用地
	087 公园与绿地	指城镇、村庄内部的公园、动物园、植物园、街心花园和用于休憩及美化环境的绿化用地
	088 风景名胜设施用地	指风景名胜(包括名胜古迹、旅游景点、革命遗址等)景点及管理机构的建筑用地。景区内的其他用地按现状归入相应地类
09 特殊用地		指用于军事设施、涉外、宗教、监教、殡葬等的土地
	091 军事设施用地	指直接用于军事目的的设施用地
	092 使领馆用地	指用于外国政府及国际组织驻华使领馆、办事处等的用地
	093 监教场所用地	指用于监狱、看守所、劳改场、劳教所、戒毒所等的建筑用地
	094 宗教用地	指专门用于宗教活动的庙宇、寺院、道观、教堂等宗教自用地
	095 殡葬用地	指陵园、墓地、殡葬场所用地

续表 7-2

<table>
<tr><th colspan="3">土地利用现状分类标准(GB/T 21010—2007)</th></tr>
<tr><th>一级类</th><th>二级类</th><th>含义</th></tr>
<tr><td rowspan="8">10 交通运输用地</td><td></td><td>指用于运输通行的地面线路、场站等的土地,包括民用机场、港口、码头、地面运输管道和各种道路用地</td></tr>
<tr><td>101 铁路用地</td><td>指用于铁道线路、轻轨、场站的用地,包括设计内的路堤、路堑、道沟、桥梁、林木等用地</td></tr>
<tr><td>102 公路用地</td><td>指用于国道、省道、县道和乡道的用地,包括设计内的路堤、路堑、道沟、桥梁、汽车停靠站、林木及直接为其服务的附属用地</td></tr>
<tr><td>103 街巷用地</td><td>指用于城镇、村庄内部公用道路(含立交桥)及行道树的用地,包括公共停车场、汽车客货运输站点及停车场等用地</td></tr>
<tr><td>104 农村道路</td><td>指公路用地以外的南方宽度≥1.0 m、北方宽度≥2.0 m 的村间、田间道路(含机耕道)</td></tr>
<tr><td>105 机场用地</td><td>指用于民用机场的用地</td></tr>
<tr><td>106 港口码头用地</td><td>指用于人工修建的客运、货运、捕捞及工作船舶停靠的场所及其附属建筑物的用地,不包括常水位以下部分</td></tr>
<tr><td>107 管道运输用地</td><td>指用于运输煤炭、石油、天然气等管道及其相应附属设施的地上部分用地</td></tr>
<tr><td rowspan="5">11 水域及水利设施用地</td><td></td><td>指陆地水域,海涂,沟渠、水工建筑物等用地,不包括滞洪区和已垦滩涂中的耕地、园地、林地、居民点、道路等用地</td></tr>
<tr><td>111 河流水面</td><td>指天然形成或人工开挖河流常水位岸线之间的水面,不包括被堤坝拦截后形成的水库水面</td></tr>
<tr><td>112 湖泊水面</td><td>指天然形成的积水区常水位岸线所围成的水面</td></tr>
<tr><td>113 水库水面</td><td>指人工拦截汇集而成的总库容≥10 万 m^3 的水库正常蓄水位岸线所围成的水面</td></tr>
<tr><td>114 坑塘水面</td><td>指人工开挖或天然形成的蓄水量 <10 万 m^3 的坑塘常水位岸线所围成的水面</td></tr>
</table>

续表 7-2

土地利用现状分类标准(GB/T 21010—2007)		
一级类	二级类	含义
11 水域及水利设施用地	115 沿海滩涂	指沿海大潮高潮位与低潮位之间的潮浸地带,包括海岛的沿海滩涂,不包括已利用的滩涂
	116 内陆滩涂	指河流、湖泊常水位至洪水位间的滩地;时令湖、河洪水位以下的滩地;水库、坑塘的正常蓄水位与洪水位间的滩地,包括海岛的内陆滩地,不包括已利用的滩地
	117 沟渠	指人工修建,南方宽度≥1.0 m、北方宽度≥2.0 m 用于引、排、灌的渠道,包括渠槽、渠堤、取土坑、护堤林
	118 水工建筑用地	指人工修建的闸、坝、堤路林、水电厂房、扬水站等常水位岸线以上的建筑物用地
	119 冰川及永久积雪	指表层被冰雪常年覆盖的土地
12 其他土地		指上述地类以外的其他类型的土地
	121 空闲地	指城镇、村庄、工矿内部尚未利用的土地
	122 设施农用地	指直接用于经营性养殖的畜禽舍、工厂化作物栽培或水产养殖的生产设施用地及其相应附属用地,农村宅基地以外的晾晒场等农业设施用地
	123 田坎	主要指耕地中南方宽度≥1.0 m、北方宽度≥2.0 m 的地坎
	124 盐碱地	指表层盐碱聚集,生长天然耐盐植物的土地
	125 沼泽地	指经常积水或渍水,一般生长沼生、湿生植物的土地
	126 沙地	指表层为沙覆盖、基本无植被的土地,不包括滩涂中的沙地
	127 裸地	指表层为土质,基本无植被覆盖的土地;或表层为岩石、石砾,其覆盖面积≥70%的土地

7.4.2.2　**确立土地利用类型的解译标志**

通过对前一节内容的学习，掌握解译的标志，其中有色调、大小、纹理、形状、阴影、图形、位置及与周围环境的关系。解译标志的建立预示着目视解译结果的正确，所以一定要对该地区各个类型可能表现出来的影像特征进行详细分析，耕地有规则条纹，居民地形状不规则但呈小片状，道路笔直，纵横交错，如图 7-8 所示。

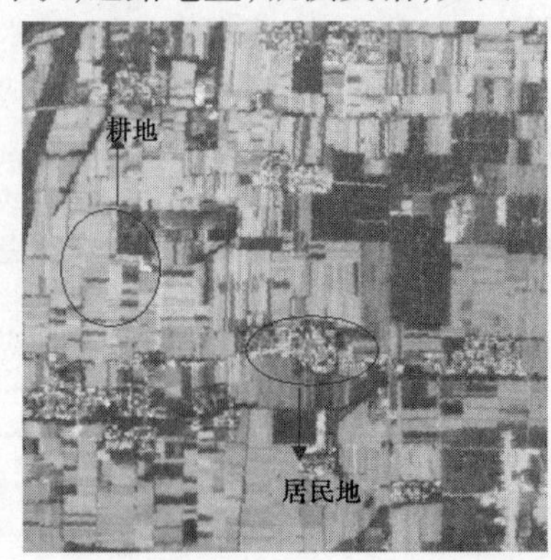

图 7-8　郑州大学新区及周边土地利用类型示例

7.4.2.3　**室内预解译**

对比已有的土地利用现状资料，对影像中的不同土地利用进行预判读，并在影像地图叠加透明纸上标注各类型的区域及其土地类型的类编号。我们主要标明耕地、草地、林地、居民地、水域、道路、裸土地及其他土地利用类型。

要注意以下两点：

(1)对于无法确定其土地利用类型的图斑，或者有争议的图斑类型进行特别的标注，不能自以为是，要在野外核查中进一步确定。

(2)对于与现有土地利用类型不相符的图斑及区域也应进行标记，待野外核查后确定。

7.4.2.4　**野外实地调查**

带着室内预解译得到的工作草图以及皮尺、铅笔、彩笔等工具，对野外考察后有疑问区域的土地利用类型进行确立，并在草图上修改或标注。可评估自己的成果,计算错判的面积。

7.4.2.5 解译结果类型转绘和制图

将内外业目视解译结果进行统一分析后加以转绘和制图,以专题图或是遥感影像图的形式表现出来。用 ERDAS 中的 AOI 进行屏幕数字化输入,再用专题图模块进行编辑制图。

练习题

1. 在郑州大学和郑州市区随机选择两块区域进行裁剪,进行目视解译并将解译结果进行矢量化,形成专题图。

2. 在专题图区域进行野外验证,对有疑问的问题进行勘验,并以随机抽样方法检验目视解译结果的精确度。

第 8 章　遥感影像分类

8.1　实习内容及要求

遥感影像分类是遥感数字图像解译的重要内容，在遥感技术应用领域中占有重要地位。影像分类就是基于影像像元的数据文件值，将像元归并成有限几种类型、等级或数据集的过程。常规的遥感影像分类方法主要有两种：非监督分类与监督分类法。

本章主要介绍遥感影像的非监督分类法、监督分类法以及监督分类结果评价方法，并介绍几种常用的分类后处理方法。通过对本章的学习要求掌握以下内容：

(1)理解遥感图像非监督分类和监督分类的原理。

(2)能够熟练运用 ERDAS 对遥感影像数据进行非监督分类和监督分类。

(3)掌握监督分类模板评价和结果评价的原理与方法。

(4)掌握分类后处理的几种常用方法与流程。

8.2　非监督分类

8.2.1　实验原理

非监督分类运用 ISODATA(Iterative Self - Organizing Data Analysis Technique)算法，完全按照像元的光谱特性进行统计分类，常常用于对分类区没有什么了解的情况。使用该方法时，原始图像的所有波段都参与分类运算,分类结果往往是各类像元数大体等比例。由于人为干预较少,非监督分类过程的自动化程度较高。非监督分类一般要经过以下几个步骤:初始分类、专题判别、分类合并、色彩确定、分类后处理、色彩重定义、栅格矢量转换、统计分析。

ERDAS IMAGINE 使用 ISODATA 算法(基于最小光谱距离公式)来进行非监督分类。聚类过程始于任意聚类平均值或一个已有分类模板的平均值:聚类每重复一次,聚类的平均值就更新一次,新聚类的均值再用于下次聚类循环。ISODATA 实用程序不断重复,直到最大的循环次数达到设定阈值或者两次聚类结果相比有达到要求百分比的像元类别已经不再发生变化。

8.2.2 实验数据

裁剪后的郑州市资源卫星影像。

文件路径:chap8/Ex1。

文件名称:For Classify. img。

8.2.3 实验过程

8.2.3.1 初步分类

(1)调出非监督分类对话框。调出非监督分类对话框的方法有以下两种:

方法一:在 ERDAS 图标面板工具条中,点击"Data Preparation | Unsupervised Classification | Unsupervised Classification",打开非监督分类对话框(见图 8-1)。

方法二:在 ERDAS 图标面板工具条中点击"Classification | Unsupervised Classification | Unsupervised Classification"打开非监督分类对话框(见图 8-2)。两种方法调出的 Unsupervised Classification 对话框是有区别的。

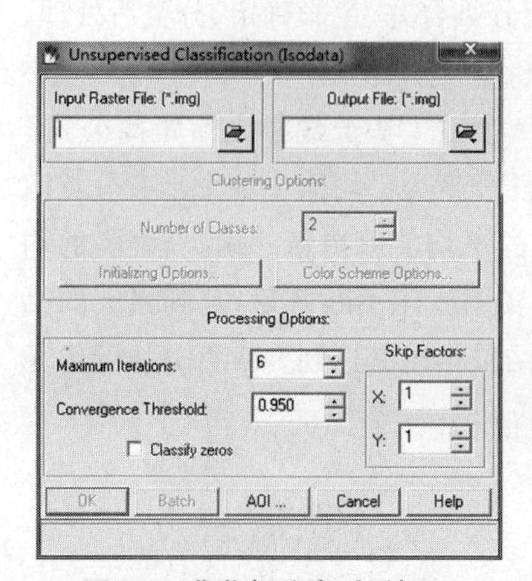

图 8-1　非监督分类对话框一

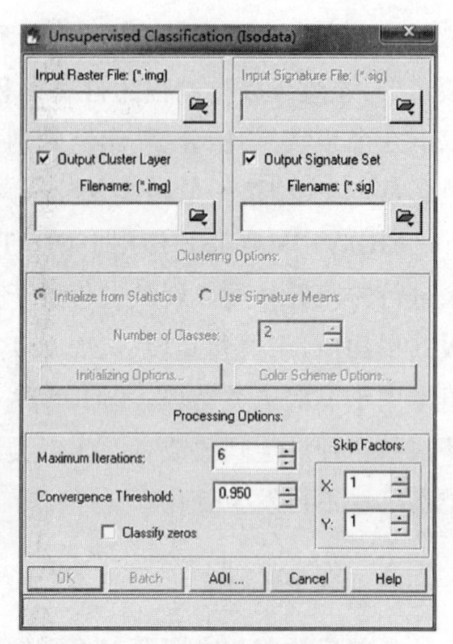

图 8-2　非监督分类对话框二

(2)进行非监督分类。

在 Unsupervised classification 对话框中进行以下设置(见图 8-3):

①确定输入文件(Input Raster File):待分类影像. img(要被分类的图像)。

②确定输出文件(Output File):非监督分类. img(即将产生的分类图像)。

③选择生成分类模板文件:Output Signature Set(将产生一个模板文件)。

④确定分类模板文件(Filename):非监督分类. sig。

⑤对 Clustering Options 选择 Initialize from Statistics 单选框。Initialize from Statistics 指由图像文件整体(或其 AOI 区域)的统计值产生自由聚类,分出类别的多少由自己决定。Use Signature Means 是基于选定的模板文件进行非监督分类,类别的数目由模板文件决定。

⑥确定初始分类数(Number of Classes)为 18,即分出 18 个类别。实际工作中一般将分类数取为最终分类数的 2 倍以上。

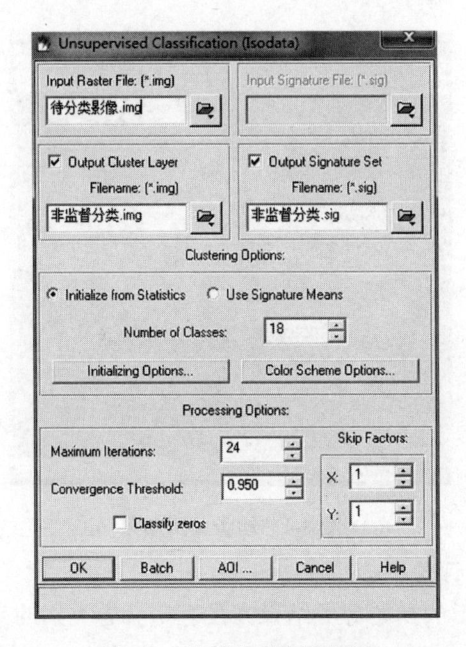

图 8-3　监督分类参数设置

提示:点击"Initializing Options"按钮可以调出 File Statistics Options 对话框以设置 ISODATA 的一些统计参数。点击"Color Scheme Options"按钮可以调出 Output Color Scheme Options 对话框以决定输出的分类图像是彩色的还是黑白的。这两个设置项使用缺省值。

⑦定义最大循环次数(Maximum Iterations):24。

最大循环次数(Maximum Iterations)是指 ISODATA 重新聚类的最多次数,这是为了避免程序运行时间太长或由于没有达到聚类标准而导致的死循环。一般在应用中将循环次数都取 6 次以上。

⑧设置循环收敛阈值(Convergence Threshold):0.95。

收敛阈值(Convergence Threshold)是指两次分类结果相比保持不变的像元所占最大百分比,此值的设立可以避免 ISODATA 无限循环下去。

⑨点击"OK",关闭 Unsupervised Classification 对话框,执行非监督分类,获得一个初步的分类结果(见图 8-4)。

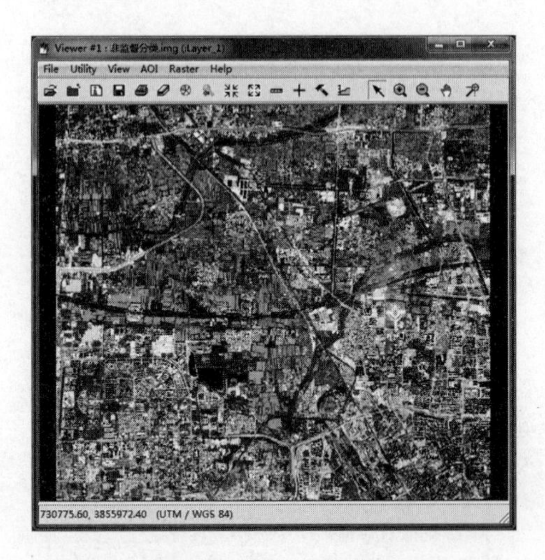

图 8-4　初步分类结果

8.2.3.2　分类评价

非监督分类的初始分类结果并没有定义各类别的专题意义及分类色彩，需要对其进行分类调整来初步评价分类精度，确定类别专题意义和定义分类色彩，以便获得进一步分类方案。

(1)打开初步分类结果影像，查看属性。打开属性窗口的方法：单击 Viewer 窗口中 Raster | Attributes，打开分类图像属性窗口。属性表中的 19 个记录分别对应产生的 18 个类及 Unclassified 类，每个记录都有一系列的字段(见图 8-5)。

(2)单击图标或者 Edit | Column Properties，打开 Column properties 对话框(见图 8-6)，在对话框中对各字段的显示顺序、宽度及单位等属性进行合理调整。

(3)给各个类别赋相应的颜色：在 Raster Attribute Editor 对话框中点击一个类别的 Row 字段从而选择该类别，右键点击该类别的 Color 字段(颜色显示区)，自动弹出 As Is 菜单并选择一种颜色。重复以上步骤直到给所有类别赋予合适的颜色，得到非监督分类的结果(见图 8-7)。

提示：在设置某一类别颜色时为了判别其所属的专题类别，往往需

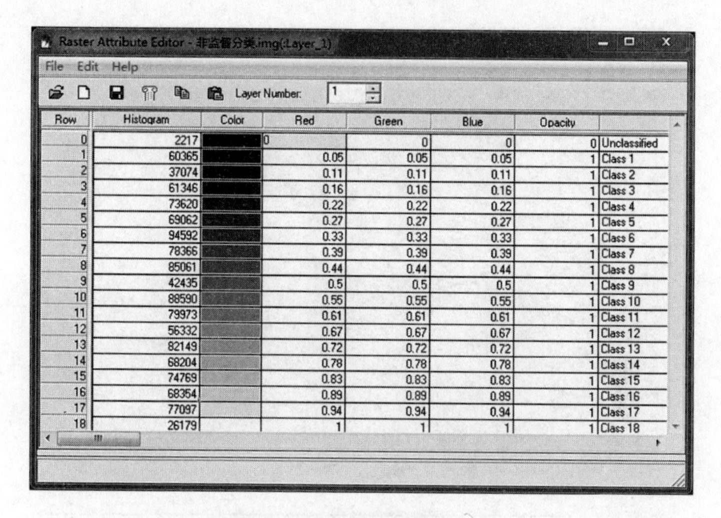

图 8-5　分类图像属性窗口

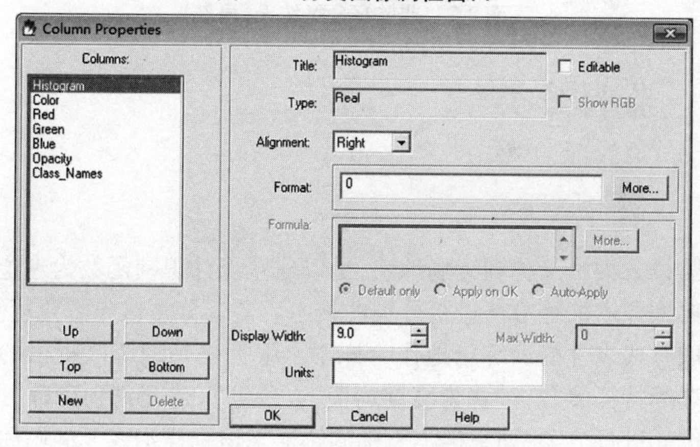

图 8-6　属性列编辑对话框

要同分类前的影像进行对比来判断,因此可以将分类结果和待分类影像进行叠加显示。由于分类图像覆盖在原图像上面,为了对单个类别的判别精度进行分析,首先需要在分类图像属性窗口中将其他所有类别的不透明程度(Opacity 字段)值设为0(即改为透明),而将需要分析的类别的透明度设为1,即不透明。

图 8-7 非监督分类结果(局部)

8.3 监督分类

8.3.1 实验原理

监督分类法又称训练场地法,是以建立统计识别函数为理论基础,依据典型样本训练方法进行分类的技术。监督分类首先需要从研究区域选取有代表性的训练场地作为样本。根据已知训练区提供的样本,通过选择特征参数(如像素亮度均值、方差等),建立判别函数,据此对样本像元进行分类,列举样本类别的特征来识别样本像元的归属类别。常用的监督分类方法有最大似然法、最小距离分类法、马氏距离法等。

8.3.2 实验数据

郑州市东北部资源卫星影像。

文件路径:chap8/Ex2。

文件名称:zy02c_2012.img。

8.3.3 实验过程

8.3.3.1 定义分类模板

ERDAS IMAGINE 的监督分类是基于分类模板来进行的,而分类模板的生成、管理、评价和编辑等功能是由分类模板编辑器来负责的。毫无疑问,分类模板生成器是进行监督分类时一个不可缺少的组件。

(1)首先在 Viewer 中加载需要进行分类的图像,以便进行后续的AOI 选取工作。打开模板编辑器并调整显示字段。具体步骤如下:在ERDAS 图标面板工具中点击 Classifier 图标 Classifier ,在弹出的 Classification 菜单框中单击"Signature Editor"菜单项,弹出 Signature Editor 对话框(见图 8-8)。

(2)从图 8-8 中可以看到有很多字段,其中有些字段对分类的意义不大,因此不需要显示这些字段,可以按如下方法进行调整:在 Signature Edit 对话框的菜单条下依次点击 View | Columns,弹出 View Signature Columns 对话框。

点击最上一个字段的 Colunmn 字段,往下拖拉直到最后一个字段,此时所有字段都被选中,系统会自动用黄色(缺省色)标识出来。按住Shift 键的同时分别点击"Red、Green、Blue"三个字段(见图 8-9),然后点击"Apply | Close",则 Red、Green、Blue 三个字段将从选择集中被清除。此时再从 View Signature Columns 对话框中可以看到 Red、Green、Blue 三个字段将不再显示。以此方法可以清除 View Signature Columns对话框中任一不需要的字段。

(3)通过绘制 AOI 区域来定义分类模板。可以分别应用 AOI 绘图工具、AOI 扩展工具、查询光标等三种方法,在原始图像或特征空间图像中获取分类模板信息。但在实际工作中也许只用一种方法就可以了,也可以将几种方法联合应用。

方法一:利用 AOI 绘图工具在原始影像上获取分类模板信息。

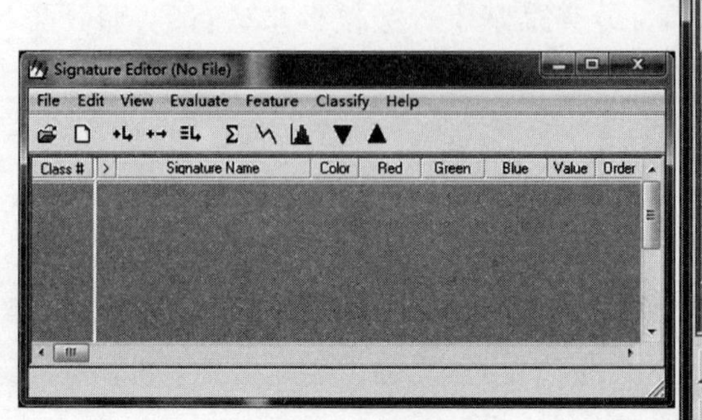

图 8-8 Signature Editor 对话框

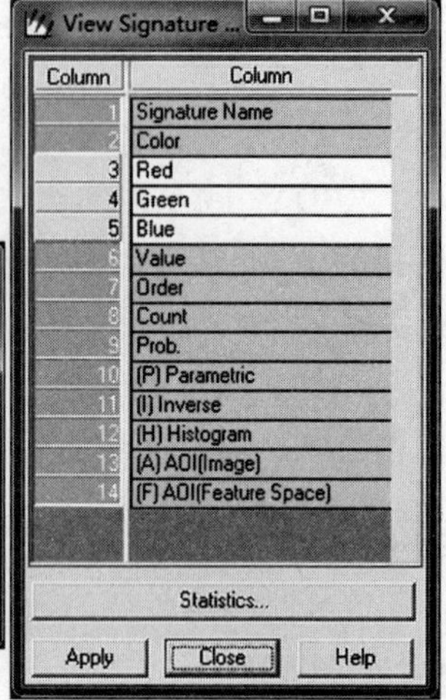

图 8-9 View Signature Columns 对话框

①在影像显示的 Viewer 窗口中单击“Raster | Tools”，或者直接点击图标，打开 Raster 工具面板。

②在 Raster 工具面板中点击 AOI 绘制工具，即图标，进行 AOI 绘制。

③在视窗中选择一种单一地物类别的区域(如水体)，绘制一个多边形 AOI。

④在 Signature Editor 对话框中，点击图标，将多边形 AOI 区域加载到 Signature 分类模板中。同时可以根据需要改变加入模板的 Signature Name 和 Color。

⑤重复上述操作过程，对每种类别的地物进行 AOI 绘制，并将其作为新的模板加入到 Signature Editor 当中，同时确定各类的名字及颜色。

⑥如果对同一个专题类型(如水体)采集了多个 AOI 并分别生成了模板，可以将这些模板合并，以便该分类模板具有多区域的综合特性。具体做法是在 Signature Editor 对话框中将该类的 Signature 全部选

定,然后点击合并图标,这时一个综合的新模板生成,原来的多个Signature 同时存在(如果必要也可以删除)(如图 8-10 中,将城镇和村庄合并为建设用地)。

Signature Editor (No File)

File Edit View Evaluate Feature Classify Help

Class #	Signature Name	Color	Value	Order	Count	Prob.	P	I	H	A
1	水体1		1	1	57	1.000	X	X	X	X
2	城镇1		2	2	402	1.000	X	X	X	X
3	林地1		3	3	1057	1.000	X	X	X	X
4	林地2		4	4	76	1.000	X	X	X	X
5	村庄1		5	5	150	1.000	X	X	X	X
6	农田1		6	6	192	1.000	X	X	X	X
7	农田2		7	7	231	1.000	X	X	X	X
8	农田3		8	8	140	1.000	X	X	X	X
9	建设用地		9	9	552	1.000	X	X	X	X

图 8-10 Signature Editor 对话框

(4)保存分类模板。以上分别用不同方法产生了分类模板,需要将生成的模板保存起来。在 Signature Editor 对话框菜单条点击 File | Save,打开 Save Signature File As 对话框,首先确定是保存所有模板还是只保存被选中的模板,确定文件的目录和名字(Sjg 文件),然后点击“OK”。

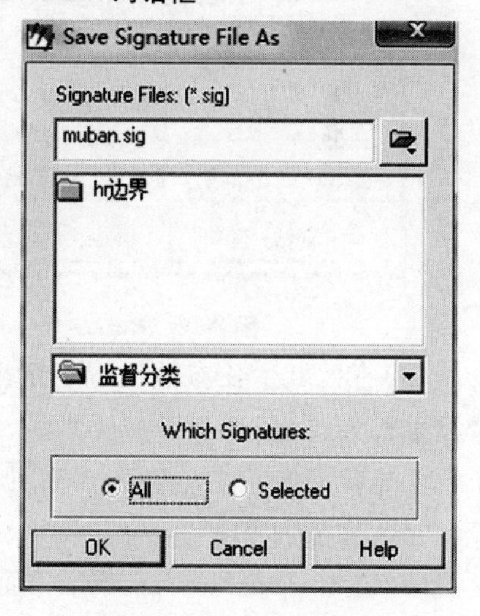

图 8-11 保存分类模板

方法二:利用 AOI 扩展工具在原始影像上获取分类模板信息。

相对于方法一的 AOI 绘图工具来说,这一方法中的 AOI 区域并非手工勾画出来的,而是通过一种附加了距离约束的种子点区域生长法来生成最后的 AOI 区域,自动化程度更高,提取的模板也更精确。扩展生成 AOI 的起点是一个种子像元,与该像元相邻的像元被按照各种约束条件来考察,如空间距离、光谱距离等。如果相邻像元被接受,则与原种子一起成为新的种子像元组,并重新计算新的种子像元平均值(也可以设置为一直沿用原始种子的值),以后的相邻像元将以新的平均值来计算光谱距离。但空间距离一直是以最早的种子像元来计算的。

应用 AOI 扩展工具在原始影像中获取分类模板信息,首先必须设置种子像元特性,过程如下:

(1)在显示有待分类影像的视窗工具条中,点击"AOI | Seed Properties",打开 Region Growing Properties 对话框(见图 8-12)。

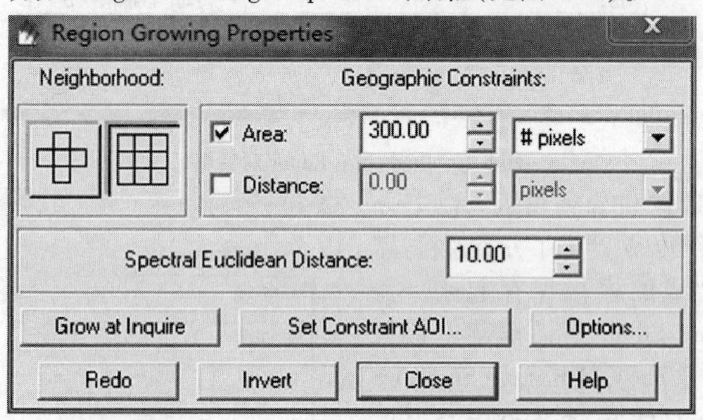

图 8-12 Region Growing Properties 对话框

(2)在区域生长参数设置对话框中,提供了四邻域和八邻域相邻像元生长方式,在 Neighborhood 下,⊕表示种子像元的上、下、左、右四个像元与种子像元是相邻的。而▦表示其周围 8 个像元都与种子像元相邻。这里选择▦。

(3)在 Geographic Constrains(面积以及距离约束)和 Spectral Euclidean Distance(光谱欧氏距离约束)中进行区域生长约束的参数设置,具体的参数值需要根据所分类的影像进行调整。

(4)点击"Options"按钮,打开 Region Grow Options 面板,选择 Include Island Polygons 和 Update Region Mean 两个选项。下面逐一介绍 Region Grow Options 面板上的三个复选框的作用:

①在种子扩展的过程中可能会有些不符合条件的像元被符合条件的像元包围,选择 Include Island Polygons 使这些不符合条件像元以岛的形式被删除,如果不选择则全部作为 AOI 的一部分。

②Update Region Mean 是指每一次扩展后是否重新计算种子的平均值,如果选择该复选框则重新计算,如果不选择则一直以原始种子的值为平均值。

③Buffer Region Boundary 复选框是指对 AOI 产生缓冲区,该设置在选择 AOI 编辑 DEM 数据时比较有用,可以避免高程的突然变化。

(5)在完成区域生长参数设置之后,下面将使用种子扩展工具产生一个 AOI。

在待分类影像视窗工具条中单击图标,打开 Raster 工具面板,点击图标进入扩展 AOI 生成状态。在目标区域单击鼠标,系统会根据设置的参数进行区域生长,最后生成 AOI 区域。如果生成的 AOI 不符合需要,可以修改 Region Growing Properties 中的参数直到满意为止。需要注意的是,在 Region Growing Properties 对话框中修改设置之后,直接点击"Redo"按钮就可重新对已经生成的 AOI 区域生成新的 AOI 区域。

(6)在生成合适的 AOI 区域后,接下来的处理与方法一类似。

方法三:利用查询光标扩展方法获取分类模板信息。

这一方法与方法二类似,仅有的区别是方法二在选择扩展工具后,用点击图标的方式在影像上确定种子像元,而本方法是要用查询光标功能确定种子像元。具体步骤为:在待分类影像窗口菜单条中点击"Utility | Inquire Cursor"或者直接单击工具条中的图标+,打开图 8-13 所示的 Viewer 对话框,同时影像窗口中出现相应的十字查询光标。

在影像窗口中可以移动十字查询光标,其位置即可作为种子像元的位置。Viewer 对话框中会显示相应的像元坐标值及各个波段的像素值等信息。此外,种子像元区域生长参数的设置及后续操作与方法二完全相同。

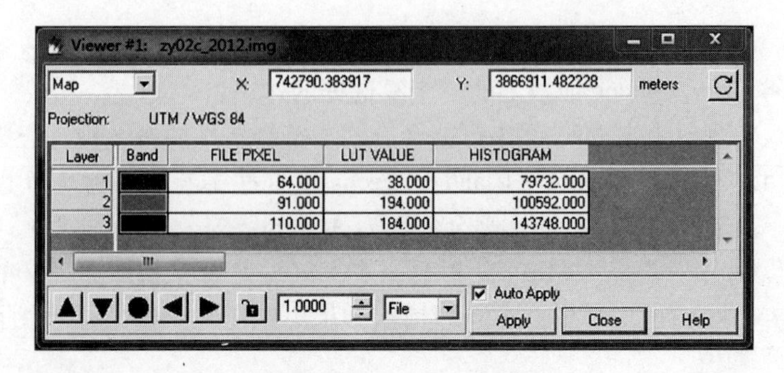

图 8-13 Viewer 对话框

8.3.3.2 评价分类模板

分类模板建立之后，就可以对其进行评价、删除、更名、与其他分类模板合并等操作。分类模板的合并可使用户应用来自不同训练方法的分类模板进行综合复杂分类，这些模板训练方法包括监督、非监督、参数化和非参数化。ERDAS 为用户提供了多种分类模板评价工具，具体方法见表 8-1。

表 8-1 ERDAS IMAGING 分类模板评价的工具

分类模板评价工具	主要用途
Alarms	分类报警评价
Contingency Matrix	可能性矩阵评价
Feature Space to Image Masking	特征空间到图像掩模评价
Feature Objects	特征对象图示评价
Histograms	直方图评价
Signature Separability	分类的分离性评价
Statistics	分类统计分析评价

当然，不同的评价方法各有不同的应用范围。例如不能用 Separability 工具对非参数化（由特征空间产生）分类模板进行评价，而且分类模板中至少应具有 5 个以上的类别。下面将主要介绍前三种比较常用的分类模板评价方法。

(1)报警评价(Alarms)。

①产生报警掩模。

分类模板报警工具根据平行六面体决策规则(Parallelepiped Division Rule)将那些原属于或估计属于某一类别的像元在图像视窗中加亮显示,以示警报。一个报警可以针对一个类别或多个类别进行。如果没有在 Signature Editor 中选择类别,那么当前处于活动状态的类别就被用于进行报警。具体使用过程如下:

在 Signature Editor 对话框中单击“View | Image Alarm”,打开 Signature Alarm 对话框。选中“Indicate Overlap”并点击“Edit Parallelepiped Limits”按钮,弹出 Limits 对话框,在对话框中点击“SET”按钮打开 Set Parallelepiped Limits 对话框,并在 Set Parallelepiped Limits 对话框中设置计算方法(Method):Minimum/Maximum。选择使用的模板(Signature):Current。单击“OK”:关闭 Set Parallelepiped Limits 对话框并返回 Limits 对话框,点击“Close”关闭 Limits 对话框并返回 Signature Alarm 对话框。点“OK”执行报警评价,形成报警掩模。最后点击“Close”关闭 Signature Alarm 对话框(见图 8-14)。

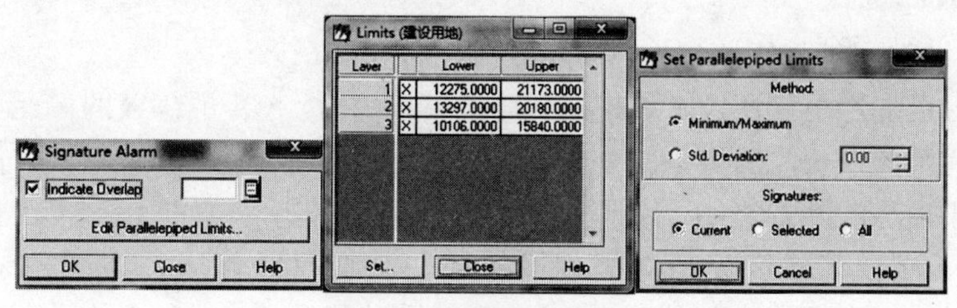

图 8-14　报警掩模设置

根据 Signature Editor 中指定的颜色,选定类别的像元显示在原始图像视窗中,并覆盖在原图像之上, 形成一个报警掩模(见图 8-15)。

②在 Viewer 窗口中点击 Utility,利用 Flicker 或 Swipe 功能查看报警掩模(具体操作详见 6.2.3.5 质量检查)。

③删除分类报警掩模。

视窗菜单条:View | Arrange Layers 菜单打开 Arrange Layers 对话框,右键点击 Alarm Mask 图层,弹出 Layer Options 菜单并选择 Delete

图 8-15　林地的报警掩模

Layer,则 Alarm Mask 图层被删除,点击 Apply(应用图层删除操作),出现提示“Verify Save on Close”,选择“NO”并点击“Close”关闭 Arrange Layers 对话框。

(2)可能性矩阵评价(Contingency Matrix)。

可能性矩阵评价工具是根据分类模板,分析 AOI 训练区的像元是否完全落在相应的类别之中。通常都期望 AOI 区域的像元分到它们参于训练的类别当中,实际上 AOI 中的像元对各个类都有一个权重值,AOI 训练样区只是对类别模板起一个加权的作用。Contingency Matrix 工具可同时应用于多个类别,如果没有在 Signature Editor 中确定选择集,则所有的模板类别都将被应用。

可能性矩阵的输出结果是一个百分比矩阵,它说明每个 AOI 训练区中有多少个像元分别属于相应的类别。AOI 训练样区的分类可应用下列几种分类原则:平行六面体(Parallelepiped)、特征空间(Feature Space)、最大似然(Maximum Likelihood)、马氏距离(Mahalanobis Distance)。具体实验步骤如下:

①在 Signature Editor 对话框中选择所有类别,并在菜单条中点击

"Evaluation | Contingency", 打开 Contingency Matrix 对话框(见图8-16)。

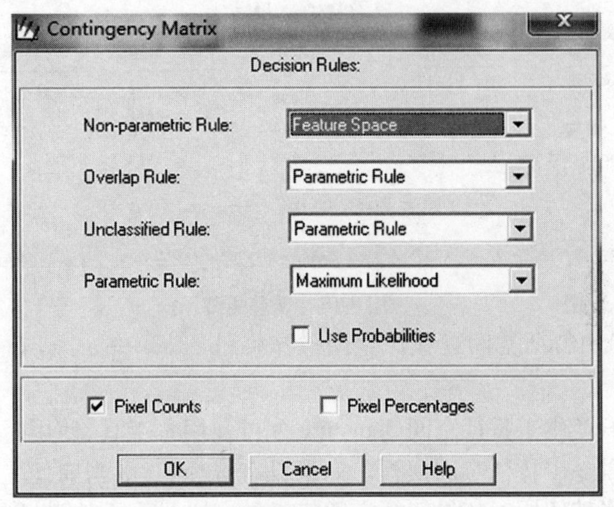

图 8-16 Contingency Matrix 对话框

②在对话框中进行以下设置:

选择非参数规则(Non－parametric Rule):Feature Space。

选择叠加规则(Overlay Rule):Parametric Rule。

选择未分类规则(Unclassified Rule):Parametric Rule。

选择参数规则(Parametric Rule):Maximum Likelihood。

选择像元总数作为评价输出统计:Pixel Counts。

③最后点击"OK"关闭 Contingency Matrix 对话框,计算分类误差矩阵,计算完成后,IMAGINE 文本编辑器(Text Editor)被打开,分类误差矩阵将显示在编辑器中供查看统计,该矩阵(以像元数形式表达部分),如图 8-17 所示。

从矩阵中可以看到在 552 个应该属于建设用地类别的像元中有 7 个被认为属于农田,有 545 个仍旧属于建设用地,属于其他类的数目为 0。依次分别对水体、农田和林地进行分析,被误判的像元个数是极少的,因此这个结果符合要求。另外,如果误差矩阵值小于 85%,则模板需要重新建立。

ERROR MATRIX

Classified Data	Reference Data 建设用地	水体	农田	林地
建设用地	545	5	1	0
水体	0	895	0	0
农田	7	0	562	0
林地	0	0	0	1558
Column Total	552	900	563	1558

----- End of Error Matrix -----

图 8-17　误差矩阵

(3)由特征空间模板产生图像掩模(Feature Space to Image Masking)。

只有产生了特征空间 Signature 才可使用本工具,使用时可以基于一个或者多个特征空间模板。如果没有选择集,则当前处于活动状态的模板将被使用。如果特征空间模板被定义为一个掩模,则图像文件会对该掩模下的像元作标记,这些像元在视窗中也将被显示表达出来(Highlighted),因此可以直观地知道哪些像元将被分在特征空间模板所确定的类型之中。必须注意,在本工具使用过程中视窗中的图像必须与特征空间图像相对应。具体过程如下:

①在 Signature Editor 对话框中选择要分析的特征空间模板:Feature | Masking | Feature Space to Image 打开 FS to Image Masking 对话框(见图 8-18)。

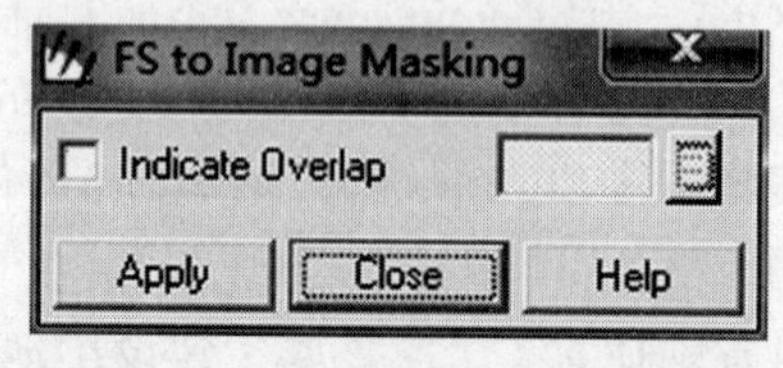

图 8-18　FS to Image Masking 对话框

②在对话框中,Indicate Overlay 复选框意味着"属于不只一个特征空间模板的像元"将用该复选框后边的颜色显示。在此不需要勾选 Indicate Overlay 复选框,点击 Apply 应用参数设置,产生分类掩模,最后

点击“Close”关闭 FS to Image Masking 对话框。

(4)以上主要介绍了三种常用的分类模板评价方法,下面着重对另外四种评价方法做简要介绍。

①模板对象图示评价(Feature Objects)。

模板对象图示工具可以显示各个类别模板(无论是参数型还是非参数型)的统计图,以便比较不同的类别,统计图以椭圆形式显示在特征空间图像中:每个椭圆都是基于类别的平均值及其标准差。可以同时产生一个类别或多个类别的图形显示。执行模板图示工具之后,在特征空间窗口显示特征空间及其所选的模板类别的统计椭圆,椭圆的重叠程度反映了类别的相似性。如果两个椭圆不重叠,则表示两个类别相互独立,为比较理想的分类模板。如果重叠度过大,说明分类模板精度低,需要重新定义。

②直方图评价(Histograms)。

直方图绘制工具通过分析类别的直方图对模板进行评价和比较,可以同时对一个或多个类别制作直方图,如果处理对象是单个类别(选择 Single Signature),即当前活动类别,如果是多个类别的直方图,就是选中的类别。该方法通过各分类模板的直方图来评价分类模板的精度。判断方法为:直方图越接近于正态分布,方差越小,则说明分类模板精度越高,否则表明分类模板精度较低,此时需重新定义分类模板。

③分离性分析评价(Signature separability)。

类别的分离性工具用于计算任意类别间的统计距离(其计算方法有欧氏光谱距离、Jeffries - Matusta 距离、分类分离度和转换分离度),该距离可确定两个类别间的差异性程度,也可用于确定在分类中效果最好的数据层。类别的分离性工具可以同时对多个类别进行操作,如果没有选择任何类别,则它将对所有的类别进行操作。

④分类统计分析评价(Statistics)。

分类统计分析评价工具首先需要对各模板类别的基本统计参数进行统计,以此为模板评价提供依据,对类别专题层做出评价和比较。该方法每次只能对一个类别进行统计分析,在分析时处于活动状态的类别即作为当前统计的类别。

8.3.3.3 执行监督分类

监督分类在本质上就是依据分类模板及分类决策规则对影像像元进行聚类判断。用于分类决策的规则是多层次的,如对非参数模板有特征空间、平行六面体等方法,对参数模板有最大似然法、Mahalanobis距离、最小距离等方法。非参数规则与参数规则可以同时使用,但需要注意各自的应用范围,如非参数规则只能应用于非参数型模板,对于参数型模板,要使用参数型规则。另外,如果使用非参数型模板,还要确定叠加规则和未分类规则。

监督分类的具体操作过程如下:

(1)在ERDAS图标面板工具条中依次点击Classifier图标 | Supervised Classification菜单项打开监督分类对话框(见图8-19)。

(2)在监督分类对话框中,需要进行一系列设置:在Input Raster File下添加待分类影像;在Classified File下定义输出分类文件路径及名称;Input Signature File用以确定分类模板文件;选中Distance File,用于分类结果的阈值处理;在Filename下定义分类距离文件。

(3)在Decision Rules中设定相应的分类决策参数。选择Feature Space作为非参数规则(Non_parametric Rule);将叠加规则(Overlay Rule)和未分类规则(Unclassified Rule)设为Parametric Rule;设置参数规则(Parametric Rule)为Maximum Likelihood。

(4)不勾选Classify zeros(该选项的意义为:分类过程中对0值进行分类),然后点击"OK"执行监督分类,Supervised Classification对话框自动关闭。监督分类结果如图8-20所示。

图8-20中监督分类的结果将影像分为6种地物类型:建设用地、耕地、河流、坑塘水库、林地和草地。其中需要注意的是:图8-20中黄河河道中心的沙洲和北岸的滩地被划分到建设用地的类型中,这是由于监督分类是以影像的光谱特征为依据的,沙洲和滩地属于砂质地表,反射率较高,与建设用地的光谱特征类似。因此,在实际工作或研究中,监督分类的结果往往需要进行后期的处理,充分地运用影像中的纹理、地物形状以及地物之间的空间关系等特征进行综合判读,在保证地

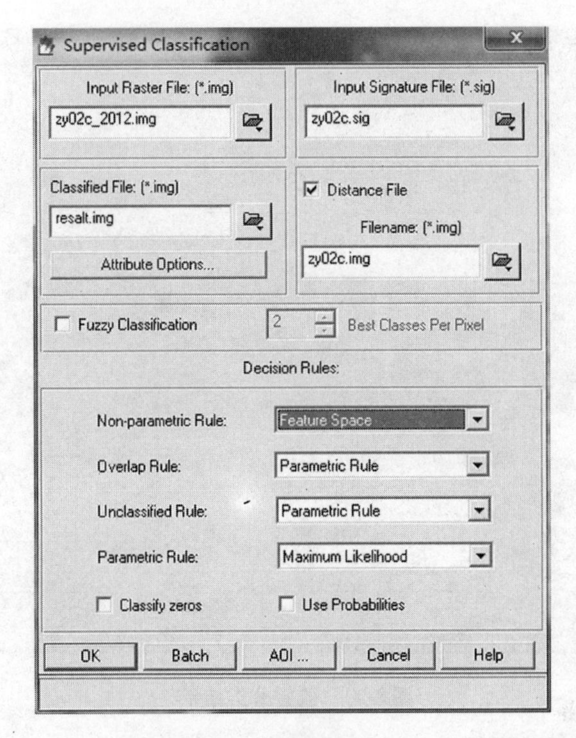

图 8-19　监督分类对话框

物类型划分科学性的同时提高其准确性。

8.3.3.4　分类结果评价

监督分类完成后，对分类结果进行评价是十分必要的。在 ERDAS 中，有多种不同的分类结果评价方法。本书主要介绍分类叠加法、阈值处理法以及分类精度评估法。

1. 分类叠加法

分类叠加法是在同一个视窗中将专题分类图像与分类原始图像同时打开，通过改变分类专题的透明度、颜色等属性，查看分类专题与原始图像之间的对应关系。对于非监督分类结果，通过分类叠加方法来确定类别的专题特性并评价分类结果的准确性。

该方法的具体操作步骤与本书 6.2.3.5 质量检查类似。

图 8-20　监督分类结果

2. 分类精度评估法

分类精度评估法是将专题分类图像中的特定像元与已知分类的参考像元进行比较，实际应用中往往是将分类数据与地面真值、先验地图、高空间分辨率航片或其他数据进行对比。

具体操作如下：

①在 Viewer 视窗中打开原始影像，在 ERDAS 图标面板工具条中依次点击 Classifier 图标 | Accuracy Assessment 菜单项，打开 Accuracy Assessment 对话框（见图 8-21）。

②在 Accuracy Assessment 对话框菜单条中点击 File | Open 或者直接点击图标打开 Classified Image 对话框，在此对话框中添加监督分类结果的分类专题图像，设置好以后点击"OK"关闭 Classified Image 对话框。

③点击 Select Viewer 图标（或菜单条中点击 View | Select Vie-

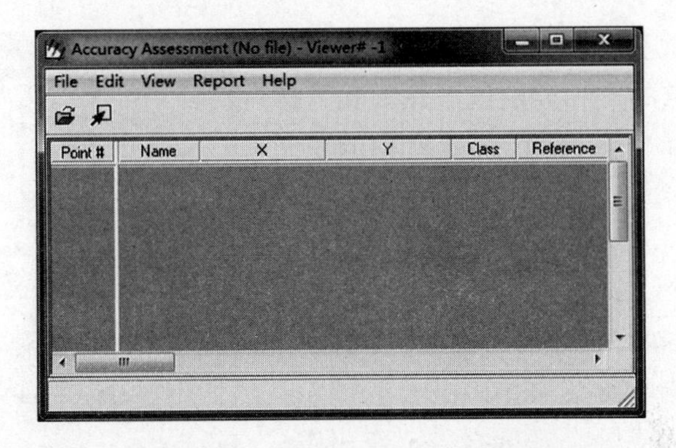

图 8-21　Accuracy Assessment 对话框

wer)，用光标关联原始影像窗口与精度评估窗口。

④在菜单条中点击 View | Change Colors 菜单项，打开 Change colors 对话框。在 Points with no reference 确定“无真实参考值的点”的颜色，在 Points with Reference 确定“有真实参考值的点”的颜色（见图 8-22）。设置完成后点击“OK”退出该对话框。

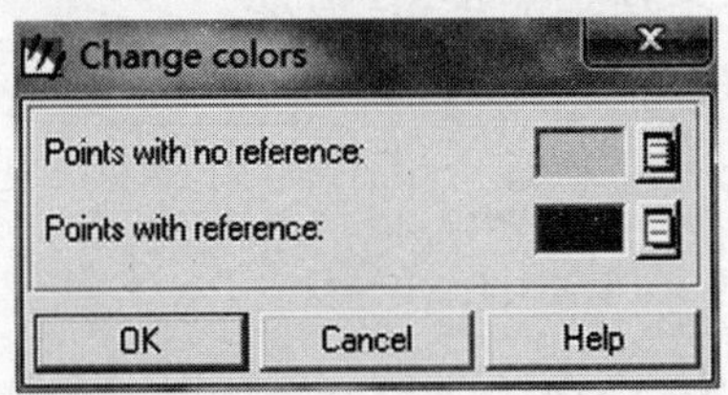

图 8-22　Change colors 对话框

⑤在菜单条中依次点击 Edit | Create/Add Random Points 命令，打开 Add Random Points 对话框（见图 8-23）。

在对话框中依次设置 Search Count 及 Number of Points 的值，在 Distribution Parameters 下选择随机点的产生方法为 Random。然后点击“OK”，按照参数设置产生随机点。

⑥在 Accuracy Assessment 对话框的菜单条中依次点击 View | Show All，此时可以在原始影像的视窗中看到所有随机点，且均按第④步设置的颜色显示。然后点击 Edit | Show Class Values 命令，使各点的类别号显示在精度评估数据表中。

⑦在数据表的 Reference 字段输入各个随机点的实际类别值。只要输入参考点的实际分类值，它在视窗中的色彩就变为第④步设置的 Point With Reference 颜色。

⑧在 Accuracy Assessment 对话框中，点击 Report | Options 命令，设定分类评价报告的参数。点击 Report | Accuracy Report 生成分类精度报告。点击 Report | Cell Report 查看产生随机点的设置及其窗口环境，所有结果将显示在 ERDAS 文本编辑器窗口，可以保存为文本文件。最后点击 File | Save As 保存分类精度评价数据表。

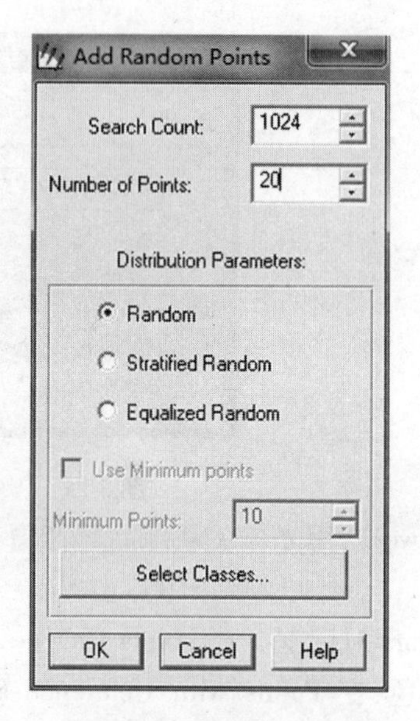

图 8-23 Add Random Points 对话框

通过对监督分类结果的评价，如果对分类精度满意，即可保存结果。如果不满意，可以有针对性地做进一步处理，如修改分类模板或通过分类后处理进行调整。

3. 阈值处理法

该方法首先需要确定哪些像元没有被正确分类，从而对监督分类的初步结果进行优化。在操作中，可以对每个类别设置一个距离值，系统筛选出可能不属于该类别的像元并赋予另一分类值。具体操作步骤如下：

①在 ERDAS 图标面板工具条中依次点击 Classifier 图标 | Threshold 工具条，打开阈值处理对话框（见图 8-24）。

②在 Threshold 窗口中，依次点击 File | Open 命令，并在弹出的 Open File 对话框中设置分类专题图像（即监督分类的结果图像）及分类距离图像（在执行监督分类时与分类结果同时生成的距离图像（见图 8-19））的名称及路径，然后关闭该对话框。再依次点击 View | Select Viewer 命令，关联显示分类专题图像的窗口，并点击 Histogram |

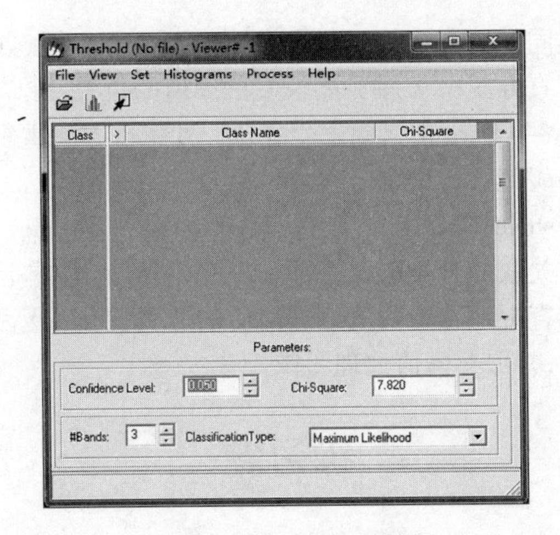

图 8-24 阈值处理对话框

Compute 命令计算各类别的距离直方图。

③在分类的属性表中,选定某一专题类别,在菜单条中点击 Histograms | View 命令,显示该类别的距离直方图(见图 8-25)。

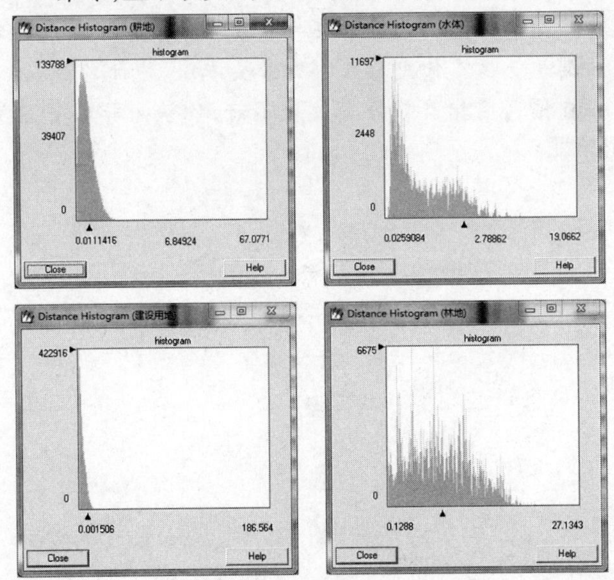

图 8-25 各专题类别的距离直方图

④以上述同样的方法打开每个类别的距离直方图,并拖动每个类别对应的距离直方图中 X 轴到要设置的阈值的位置,可以看到 Threshold 窗口中 Chi - square 值自动发生变化。并依次方法重复③、④两步,对每个类别的阈值进行设定。

⑤在 Threshold 窗口菜单条中点击 Process | To Viewer,此时阈值图像会显示在关联的分类图像上,形成一个阈值掩模层,同时可通过叠加显示的功能直观地查看阈值处理前后的分类变化,最后点击 Process | To File 命令,并保存阈值处理图像。

练习题

1. 附分类模板图。选择分类模板时有哪些注意事项?在原始图像和特征空间中选择模板有什么不同?

2. 附监督分类图。监督分类的难点在哪里?与目视解译工作有什么联系?分类时的误差主要产生在哪些方面?

3. 附非监督分类图。监督分类与非监督分类的原理是什么?上机操作时的区别是什么?你更喜欢哪种分类方法,为什么?

4. 假如直接利用非监督分类效果不好,你认为非监督分类的作用还有哪些?

第 9 章　三维景观制图

9.1　实习内容及要求

高分辨率遥感影像具有高空间分辨率、高清晰度、信息量丰富及数据时效性强等优点,是建立三维景观的良好数据源,在三维景观构建技术体系中占有重要地位。本章主要介绍了利用 VirtualGIS 模块构建一个三维场景的基本方法,通过本章的学习要求掌握以下内容:

(1)理解利用遥感图像进行三维景观构建的原理。

(2)掌握基于遥感影像数据的三维构建方法,理解场景属性调整参数的作用。

9.2　三维景观制图

9.2.1　实验数据

郑州嵩山 DEM 数据和资源卫星影像。

文件路径:chap9。

文件名称:SS_DEM. img。

zywx. img。

9.2.2　实验过程

在 ERDAS IMAGE 中, VirtualGIS 模块是实现三维可视化的工具(见图 9-1)。它包括 VirtualGIS 视图(见图 9-2)、虚拟世界编辑、三维动画制作、创建视阈层、记录飞行轨迹、创建不规则三角网(TIN)等。

图 9-1 VirtualGIS 模块

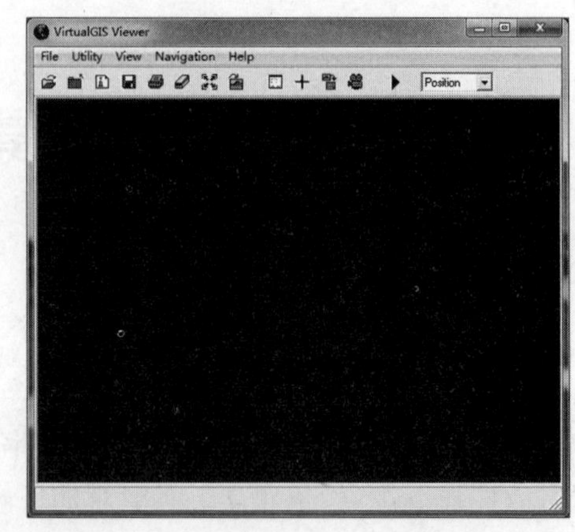

图 9-2 VirtualGIS 视图

制作三维景观图的步骤包括:打开 DEM 数据、叠加影像数据、设置场景属性、设置太阳光、设置多细节层次(LOD)、设置视点与视场。

9.2.2.1 打开 DEM 数据

在 VirtualGIS 视图的菜单条,单击"File | Open | DEM"命令,弹出 Select Layer To Add 对话框(见图 9-3)。在对话框的"File"选项卡中选择 DEM 文件 SS_DEM. img,然后在"Raser Options"选项卡中,选择 DEM,单击"OK",DEM 被加载到 VirtualGIS 视图窗口(见图 9-4)。

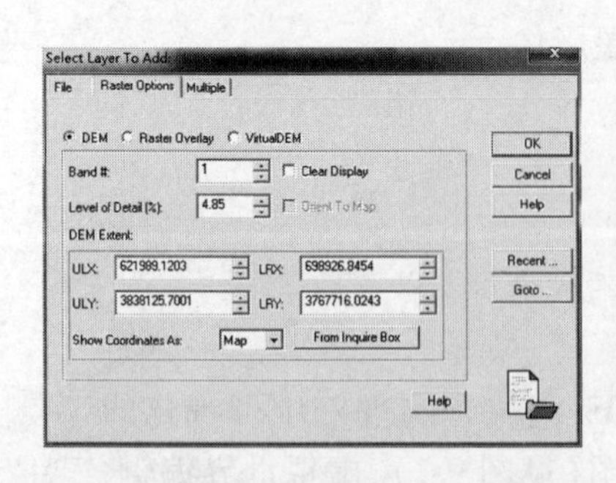

图 9-3 Select Layer To Add 对话框

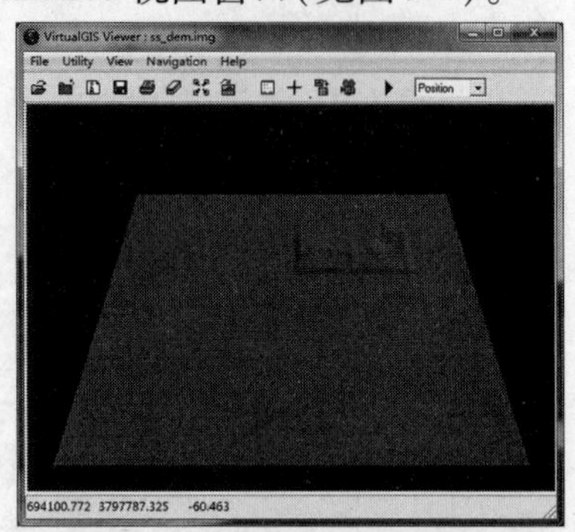

图 9-4 加载 DEM 之后的 VirtualGIS 视图窗口

9.2.2.2　叠加影像数据

在 VirtualGIS 视图的菜单条(见图 9-5),选择“File | Open | Raster Layer”命令,弹出 Select Layer To Add 对话框,在对话框的“File”选项卡中选择影像文件“zywx. img”,然后在“Raser Options”选项卡中,选择“Raster Overlay”,意思是将影像文件叠加在 DEM 数据上显示,单击“OK”,得到加载结果(见图 9-6)。

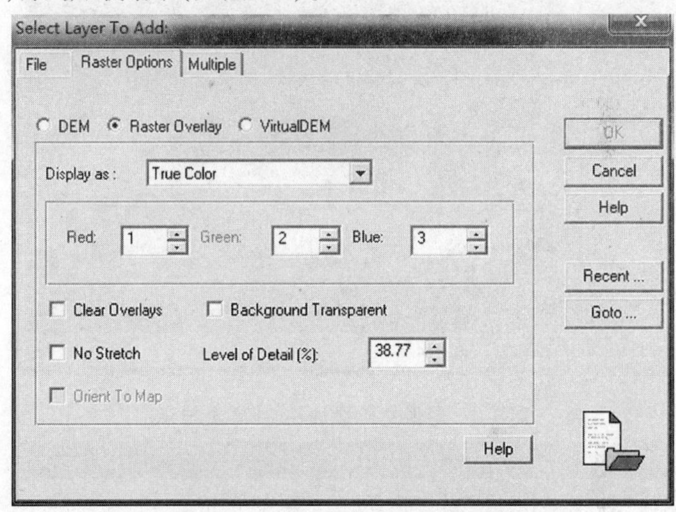

图 9-5　Select Layer to Add 对话框

9.2.2.3　设置场景属性

在 VirtualGIS 视图窗口,单击“View | Scene Properties”,弹出场景特性对话框(见图 9-7)。DEM 选项卡包括高程夸张系数(Exaggeration)、地形颜色、可视范围和单位等。这里设置高程夸张系数为 3.000,可视范围为 15 000.000,其他参数保持默认,单击“Apply”,观察三维场景的变化(见图 9-8)。可以看到地形起伏更加明显。

9.2.2.4　设置太阳光

在 VirtualGIS 视图窗口,单击“View | Sun Positioning”,弹出太阳光设置对话框(见图 9-9)。

对话框的右侧为太阳方位角、太阳高度角和光照强度等参数的设置区域,左侧为对应的二维示意图。这里将“Use Lighting”和“Auto Ap-

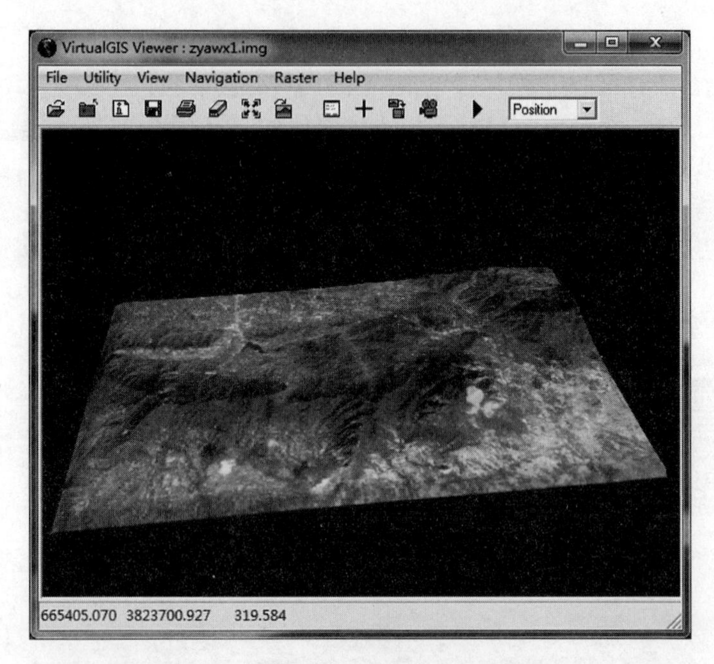

图 9-6　影像文件叠加在 DEM 上显示

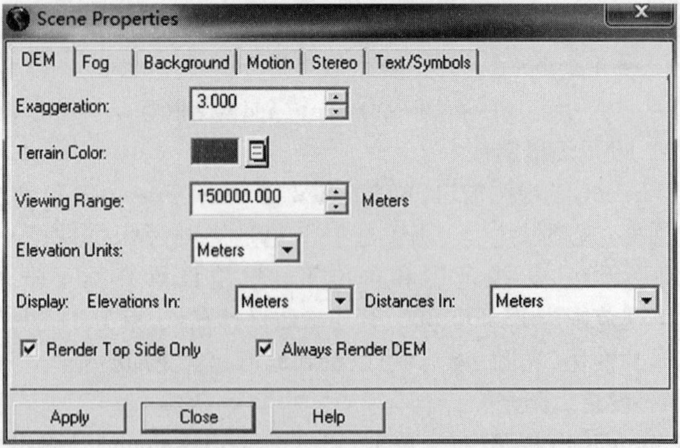

图 9-7　Scene Properties 对话框

ply”选项勾上，使参数设置的结果立刻应用于三维场景中。单击“Advance”按钮，弹出通过时间和位置设置太阳高度角的对话框（见

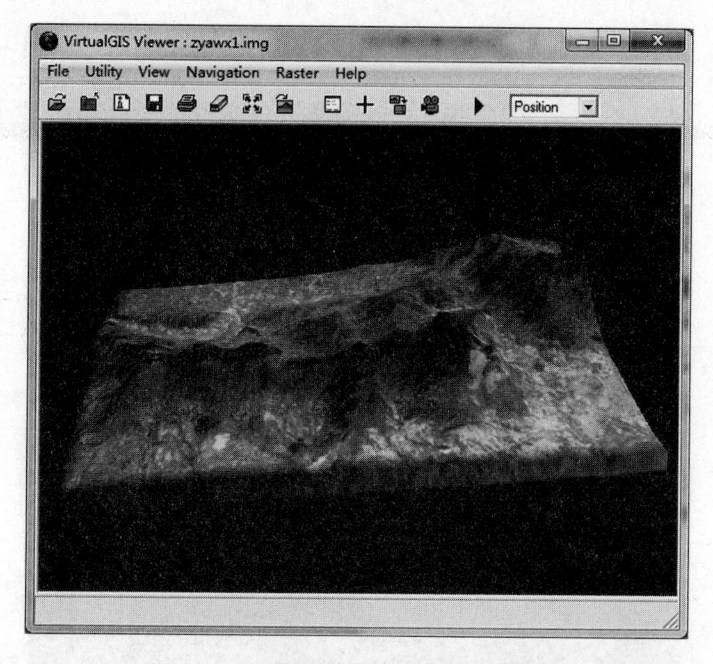

图 9-8　设置场景特性之后的三维景观

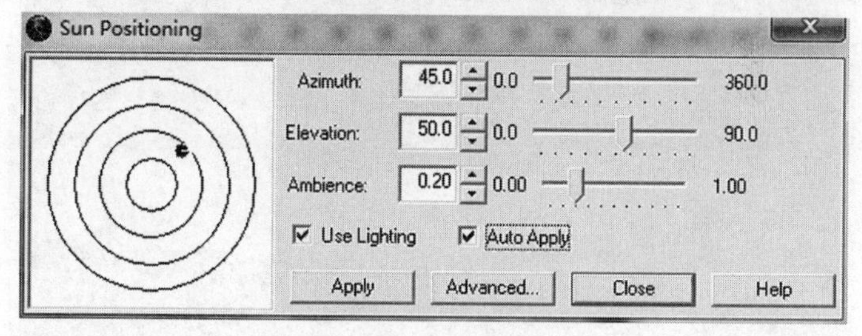

图 9-9　太阳光设置对话框

图 9-10),分别输入 2012 年 7 月 7 日 12 时和 2012 年 7 月 7 日 0 时(见图 9-10),观察 VirtualGIS 视图窗口中的三维场景发生的变化(见图 9-11 和图 9-12)。中午 12 时光照条件下场景的亮度明显要强于夜晚 0 时。

9.2.2.5　设置 LOD

在 VirtualGIS 视图窗口中,单击"View | Level of Detail Control",弹出 LOD 设置对话框(见图 9-14)。分别调整 DEM LOD 和 Raster LOD

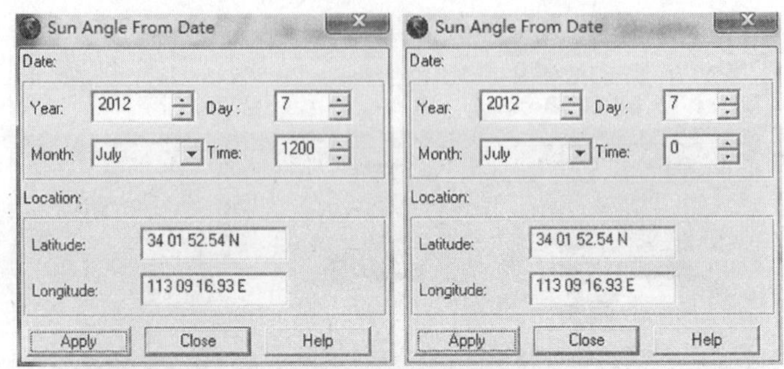

(a)2012 年 7 月 7 日 12 时　　(b)2012 年 7 月 7 日 0 时

图 9-10　通过位置和时间设置太阳高度角

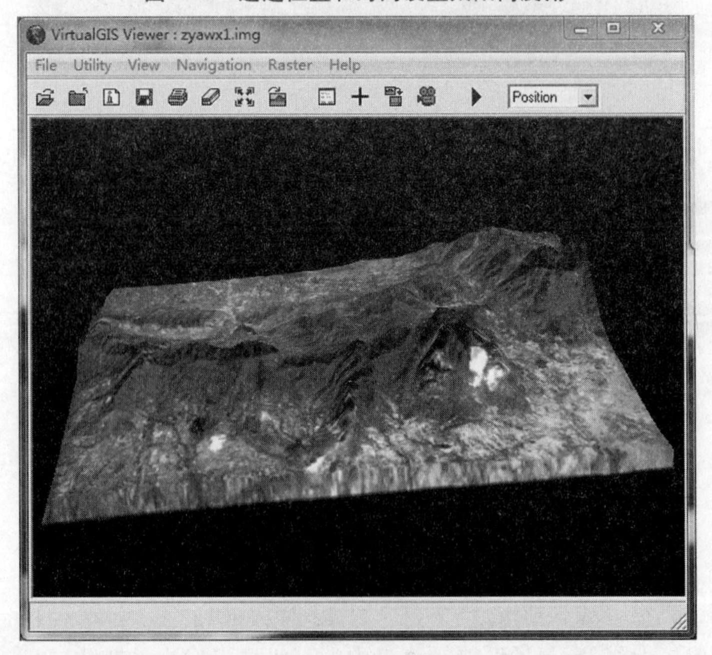

图 9-11　2012 年 7 月 7 日 12 时光照下的三维景观

为 100% 和 10%(见图 9-13 和图 9-14),观察 VirtualGIS 视图中的三维场景变化(见图 9-15 和图 9-16)。可以看到 100% 详细度下的三维场景的表现内容更加丰富而 10% 详细度下的三维场景要模糊很多。

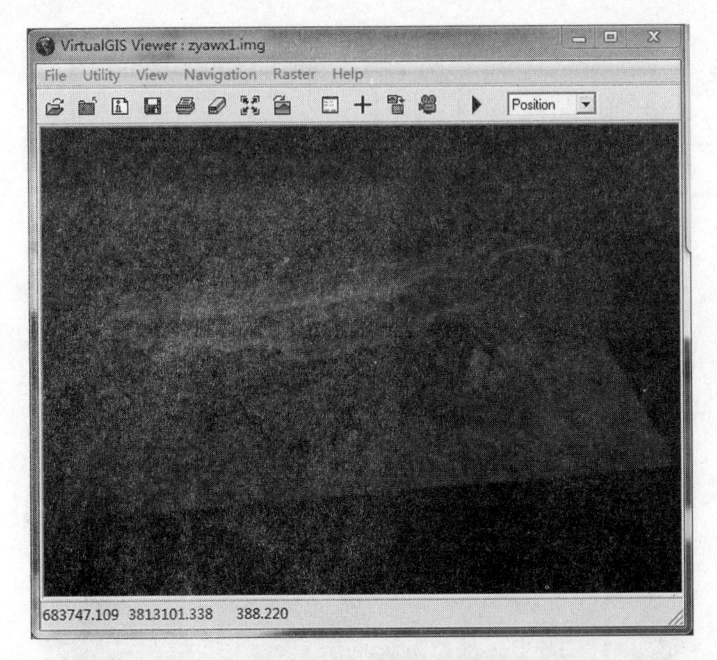

图 9-12 2012 年 7 月 7 日 0 时光照下的三维景观

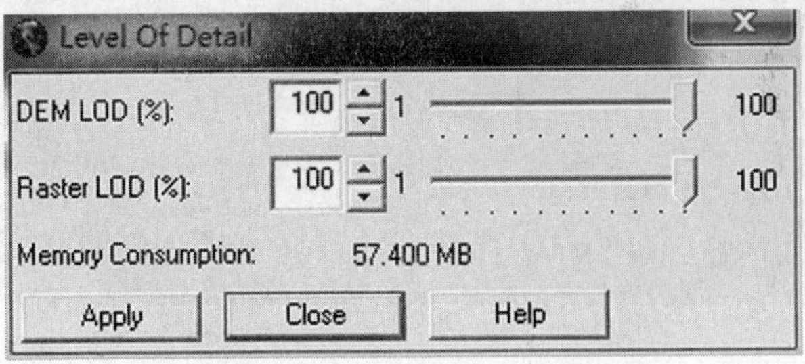

图 9-13 LOD 设置对话框(100% 详细度)

9.2.2.6 设置视点与视场

在 VirtualGIS 视图窗口中,选择“View | Create Overview Viewer | Link”,弹出二维全景视图(见图 9-17)。

分别调整视点 Eye 和目标 Target 的位置观察 VirtualGIS 视图窗口中三维场景的变化(见图 9-18)。随着视点和目标的变化,所观察到的三维场景跟着发生变化。

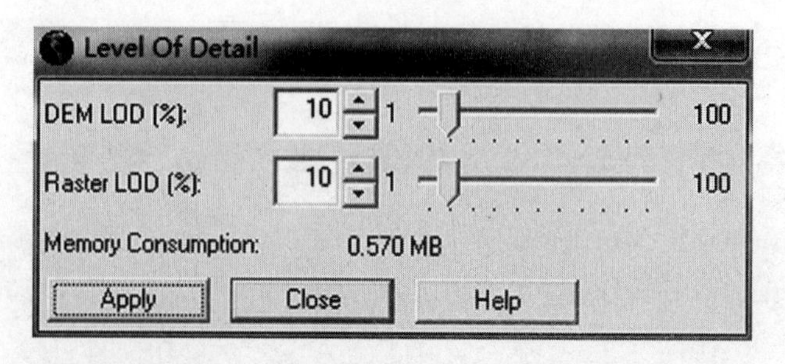

图 9-14　LOD 设置对话框(10% 详细度)

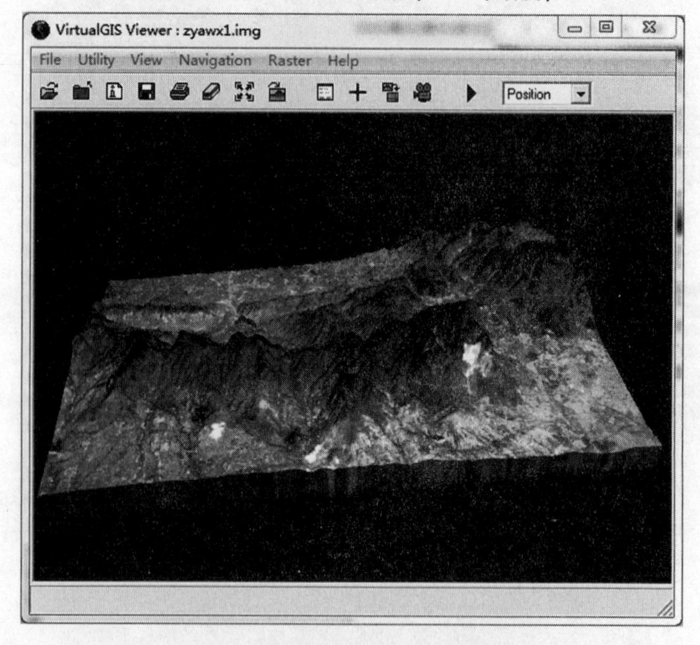

图 9-15　100% 详细度下的三维景观

在 VirtualGIS 视图窗口中,选择“Navigation | Position Editor”,弹出视点编辑对话框(见图 9-19)。其中包括视点位置、视点方向的设置和右侧对应的二维剖面示意图。二维剖面示意图中的红色线段为视线,两条绿色射线构成视场角。拖动视线可以观察三维景观的实时变化(见图 9-20)。

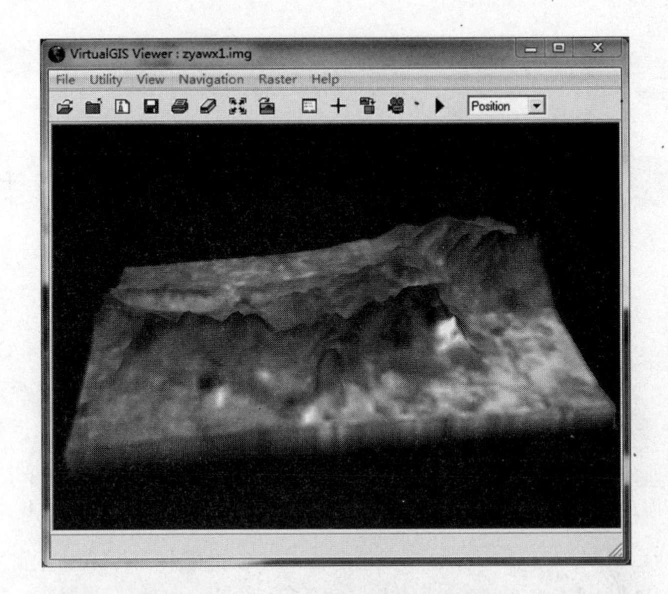

图 9-16　10% 详细度下的三维景观

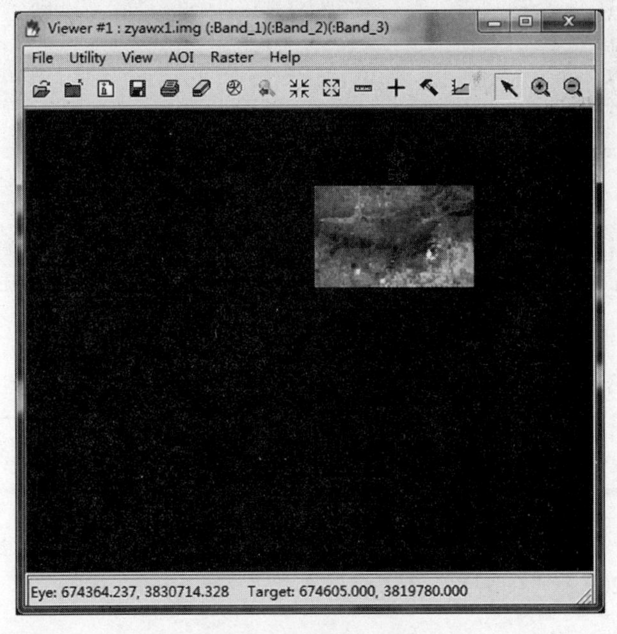

图 9-17　二维全景视图

图 9-18　调整视点后的三维景观

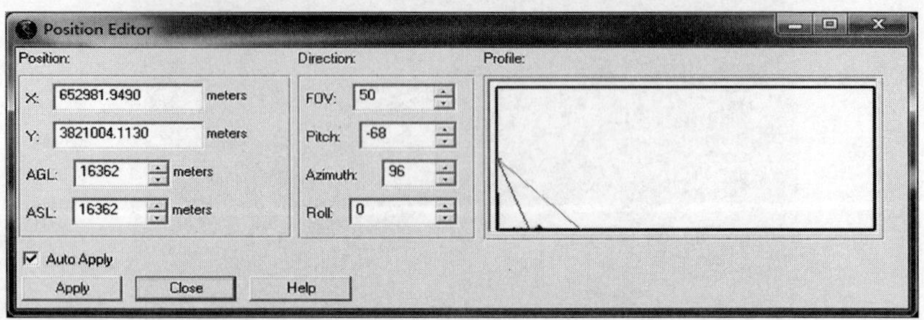

图 9-19　视点编辑对话框

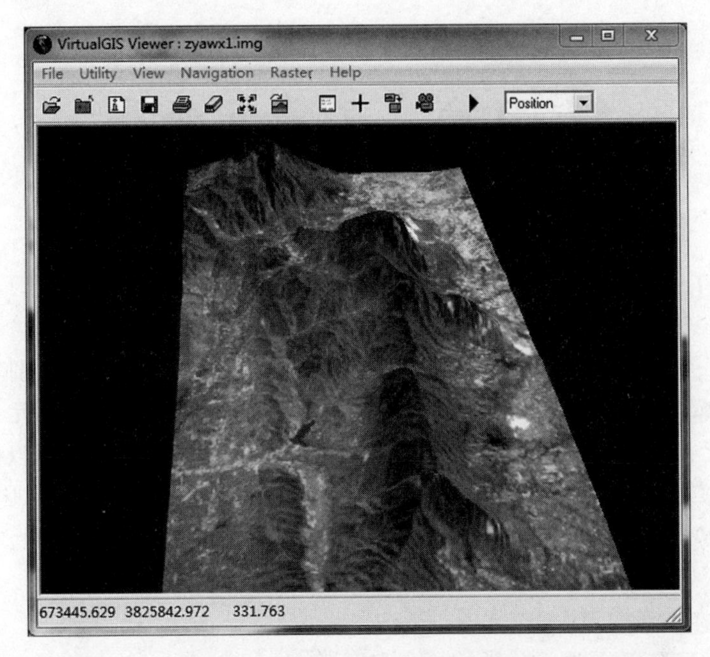

图 9-20 视点编辑之后的三维景观

练习题

1. 下载高分辨率影像，实现三维景观的建立与调整，比较与分辨率较低影像所建立的三维景观的差异。

2. 在 ARCGIS 里同样进行三维景观构建，比较 2 个软件的联系和差别。

第 10 章　子象元分类

10.1　实习内容及要求

子象元分类(Subpixel Classifier)提供了较高水准的光谱识别和感兴趣物质的检测方法,可以对像元中混合有其他物质的混合像元进行检测,采用不同于传统像元分类的方法清除背景和增强特征,可以检测和分离那些与感兴趣物质隔离的成分,从而提高分类的准确度。因此,能够熟练使用 ERDAS 进行子象元分类,熟悉其关键的操作流程,对有关的科学研究和实际工作很有意义。

在本章实习中,应掌握以下内容:

(1)了解子象元分类的概念和意义。

(2)掌握子象元分类的原理和实验流程。

(3)通过实例练习,能够熟练运用 ERDAS 对遥感图像进行子象元分类。

10.2　子象元分类

10.2.1　实验原理

10.2.1.1　子象元分类简介

子象元分类(Subpixel Classifier)是一种高级的图像处理工具。通过识别样本里共同物质的地物光谱特征,并将影像其他像元与特征样本光谱进行比较,从而排除不同的地表物质。子象元分类通过使用多光谱影像来检测比像元更小或者非 100% 像元的专题信息,同时也可以检测那些范围较大但是混合有其他成分的专题信息,从而提高分类精度。子象元分类提供了较高水准的光谱识别和感兴趣物质的检测方法,可以对混合其他物质的混合像元进行高精度的检测。它适用于 8 bit 或者 16 bit 的航空影像和多光谱卫星影像,也可以用于超光谱影像分类,但不适用于全色影像和雷达影像。IMAGINE 子象元分类的关键特征包括:

(1)探测感兴趣物质子象元,去除背景信息使感兴趣物质的波谱显示出来。

(2)独有的特征提取方法,目标识别精度高。

(3)性能优越,与传统的分类功能很好的互补。

10.2.1.2 子象元分类方法及流程

子象元分类是一项严密和相对复杂的工作,在实际应用中需要按照子象元分类的一般流程进行规范的操作。执行子象元分类的一般流程主要包括图像质量确认(Quality Assurance)、图像预处理(Preprocessing)、自动环境校正(Environmental Correction)、分类特征提取(Signature Derivation)、分类特征组合(Signature Combiner)、分类特征评价与优化(Signature Evaluation and Refinement)、感兴趣物质分类(MOI Classification)和分类后处理(Post Classification Process)8 个基本步骤。其中子象元分类的前 7 步流程可简要概括如表 10-1 所示。

表 10-1 子象元分类流程与功能

流程	功能	选择性	描述	输入文件	输出文件
第 1 步	图像质量确认	可选	检测重复数据行	图像(.img)	叠加层(.img)
第 2 步	图像预处理	必选	确定图像背景	图像(.img)	预处理结果(.aasap)
第 3 步	自动环境校正	必选	计算校正因子	图像(.img) 特征(.asd)	环境校正因子(.corenv)
第 4 步	分类特征提取	必选	提取训练特征	图像(.img) 训练集(.aoi/.ats)	特征(.asd)、 描述(.sdd)、 报告(.report)
第 5 步	分类特征组合	可选	合并单个特征	图像(.img)	特征(.asd)、 描述(.sdd)
第 6 步	特征评价与优化	可选	评价和优化特征	图像(.img)	特征(.asd)、 报告(.report)
第 7 步	感兴趣物质分类	必选	应用特征于图像	图像(.img)	叠加层(.img)

10.2.2 实验数据

文件路径:chap10/Ex1。

文件名称:sub_classifier. img。

sub_classifier. aoi。

10.2.3 实验过程

10.2.3.1 启动 ERDAS IMAGINE 的子象元分类模块

(1) 在 ERDAS 图标面板菜单条中点击“Main | Subpixel Classifier”命令,或者直接点击面板工具条中子象元分类模块的启动图标 。打开 Subpixel Classifier 对话框(见图 10-1)。

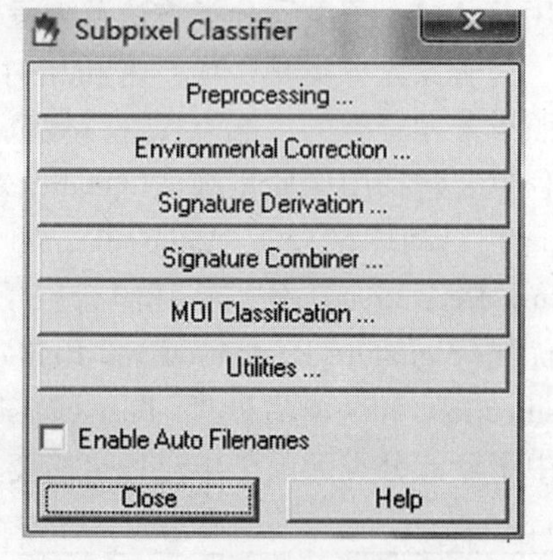

图 10-1 Subpixel Classifier 对话框

(2) 在 Subpixel Classifier 对话框中分别单击“Signature Derivation”命令和“Utilities”命令,打开 Signature Derivation 对话框(见图 10-2)以及 Utilities 对话框(见图 10-3)。

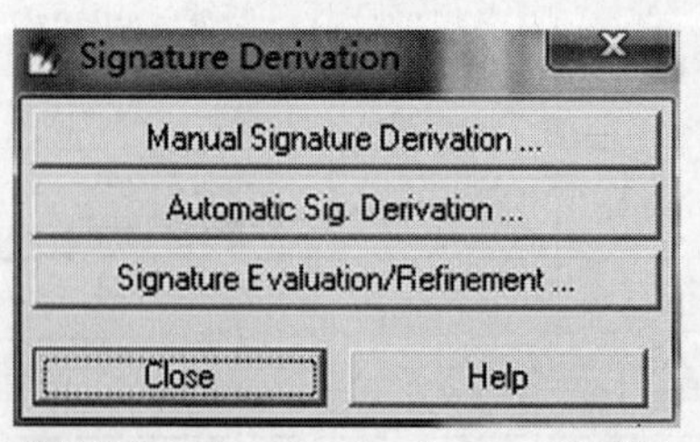

图 10-2 Signature Derivation 对话框

图 10-3 Utilities 对话框

注意:从图 10-1 可以看出,子象元分类(Subpixel Classifier)主要包括六个基本模块,分别是图像预处理模块(Preprocessing)、环境校正模块(Environmental Correction)、分类特征提取模块(Signature Derivation)、特征组合模块(Signature Combiner)、感兴趣物质分类模块(MOI Classification)和实用工具模块(Utilities)。其中特征提取模块又由三个子模块组成(见图 10-2),分别是手工分类特征提取(Manual Signature Derivation)、自动分类特征提取(Automatic Signature Derivation)和分类特征评价与优化(Signature Evaluation and Refinement)。实用工具模块由四项实用工具组成(见图 10-3),分别是使用技巧(Usage Tips)、图像质量确认(Quality Assurance)、联机帮助(Help Contents)和版本与版权(Version and CopyRight)。

10.2.3.2　图像预处理

(1) 在 ERDAS 图标面板工具条中,点击“Subpixel Classifier”命令,选择“Preprocessing”,打开 Preprocessing 对话框(见图 10-4)。

(2) 在 Input Image File 下,选择待处理影像:chap10/Ex1:sub_classifier.img(见图 10-5)。

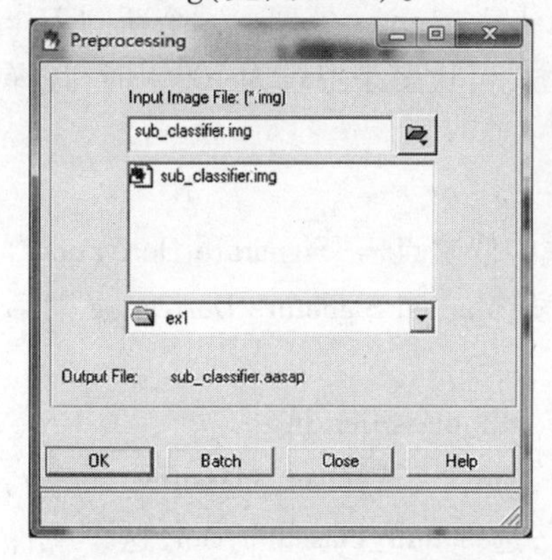

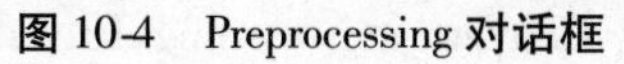

图 10-4　Preprocessing 对话框　　　　图 10-5　待处理影像

(3)在 Output Image File 下,一个默认的 sub_classifier.aasap 显示出来。

(4)选择“OK”运行这个过程。关闭 Preprocessing 对话框,打开工作进度状态对话框。当这个状态框报告“Done”,100% 完成时,选择“OK”关闭工作状态对话框。

10.2.3.3 自动环境校正

(1)从 Subpixel Classifier 对话框(见图 10-1)上选择“Environmental Correction”选项,打开 Environmental Correction 对话框(见图 10-6)。

(2)在 Input Image File 下,选择 sub_classifier. img。

(3)在 Output File 下,一个默认的输出名为 sub_classifier. corenv 显示出来。

(4)在 Environmental Corrections Factors 对话框下,“Correction Type”:有两个选项:In Scene 和 Scene to Scene。当用于一个影像时,选择系统默认值,即“In Scene”选项。

(5)这个影像是无云的,所以不需要浏览影像然后选择云。如果这时选择“OK”按钮,这个过程中系统将会提示没有选择云,是否继续处理。在此选择“是”,这个过程会一直进行直到完成,同时 Environmental Correction 对话框将会关闭。

(6)选择“OK”开始 Environmental Correction 处理。一个新的工作进度状态对话框显示它完成的百分数,当状态条报告为 100% 时,选择“OK”关闭对话框。

10.2.3.4 手工分类特征提取

(1)在 Subpixel Classifier 对话框中依次点击“Signature Derivation | Manual Signature Derivation”命令,打开 Manual Signature Derivation 对话框(见图 10-7)。

(2)在 Input Image File 下,选择 sub_classifier. img。

(3)在 Input In - Scene CORENV File 下,选择 sub_classifier. corenv。

(4)在 Input Training Set File 下,选择 sub_classifier. aoi,这个文件包括分类物质的位置。此时会自动弹出 Convert. aoi or . img To . ats 对话框(见图 10-8)。对于感兴趣物质像元比例(Material Pixel Fraction),接受默认值 0. 90。

(5)选择“OK”,产生 Output Training Set File 。IMAGINE Subpixel

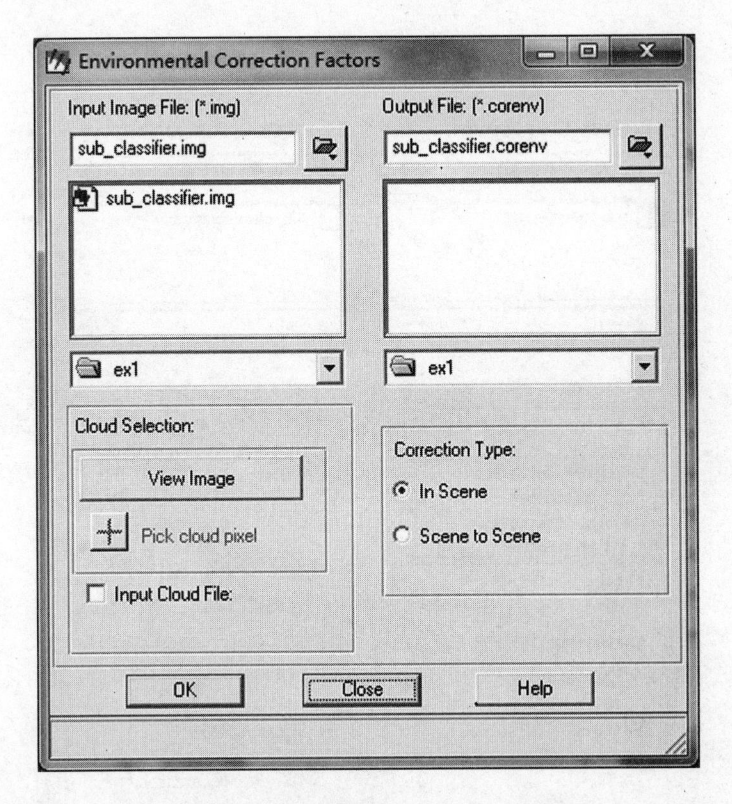

图 10-6 Environmental Correction 对话框

Classifier Manual Signature Derivation 对话框被更新为新的 sub_classifier. ats 文件作为 Input Training Set File 。

(6)对于 Confidence Level,用默认值的 Confidence Level 为 0.80 。

(7)在 Output Signature File 下,先选择文件输出路径,并输入文件名为“sub_classifier. asd”,然后按“RETURN”。

(8)不选择 DLA Filter(重复数据行滤波选择),因为这个影像不包含 DLA。

(9)选择 Signature Report 产生一个特征数据报告。这个选项输出的文件的全名是以. report 为扩展的:sub_classifier. asd. report。

(10)选择“OK”,运行 Signature Derivation。一个表明完成的百分

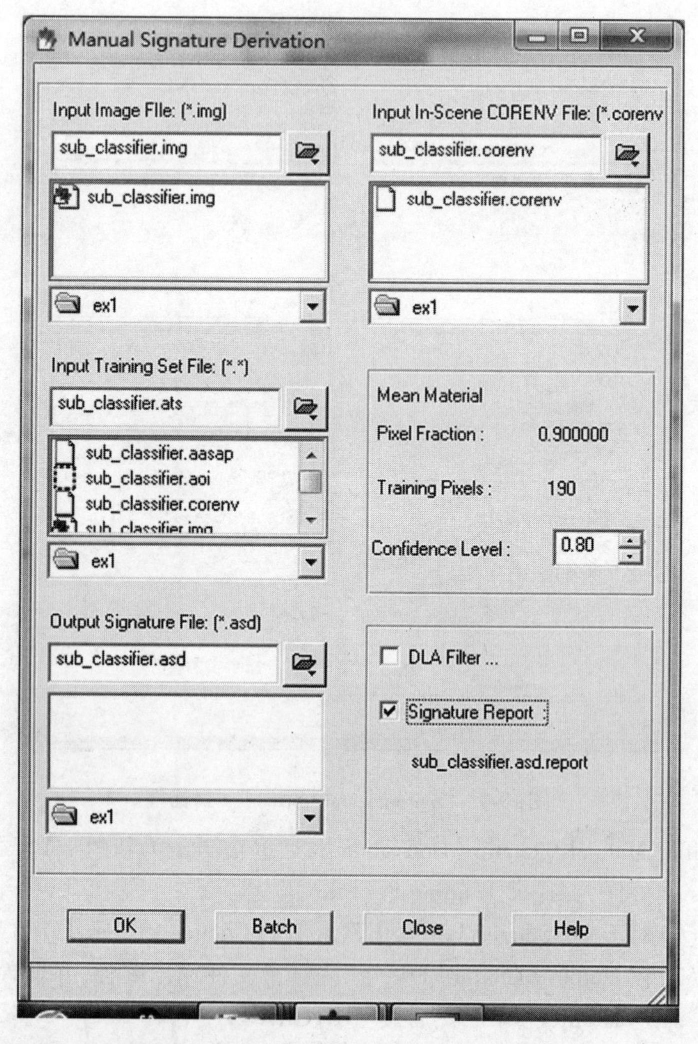

图 10-7 Manual Signature Derivation 对话框

数的工作进度状态对话框显示出来,当状态条报告为 100% 时,选择"OK"关闭对话框。

(11)选择"Close",退出 Manual Signature Derivation 对话框。

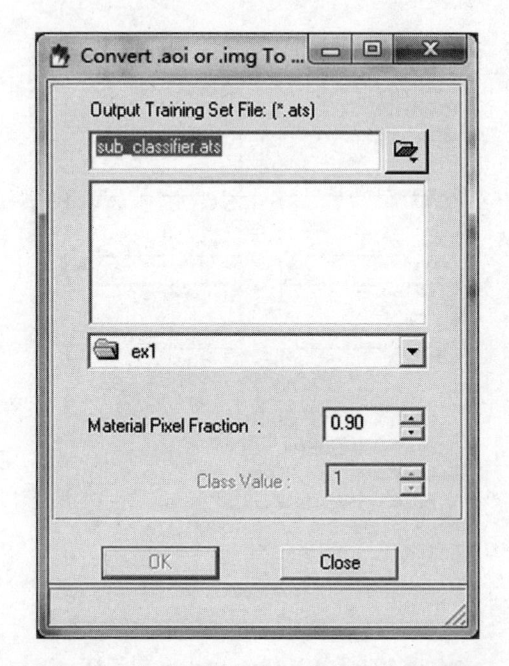

图 10-8　Convert . aoi or . img To . ats 对话框

10.2.3.5　感兴趣物质分类

(1)在 Subpixel Classifier 主菜单上选择“MOI Classification”,打开 MOI Classification 对话框(见图 10-9)。

(2)在 Image File 下,选择 sub_classifier. img。

(3)在 CORENV File 下,选择 sub_classifier. corenv 。

(4)在 Signature File 下,选择 sub_classifier. asd 。

(5)在 Detection File 下,选择文件输出路径,并命名数据文件为“sub_moi_classifier . img”,然后按“RETURN”。

(6)对于 Classification Tolerance,输入分类容差值为 1.0。

(7)首先在 Viewer 中打开待分类影像,用 AOI 工具绘制出用户自己需要的处理范围,在 Choose AOI 对话框中选择影像中的 AOI 去处理(见图 10-10)。此处的 AOI 和用于训练区的 AOI 作用是不同的,现在选择的 AOI 是为了确定子象元分类的处理范围,用户可以根据需要在显示待分类影像的 Viewer 窗口中临时用 AOI 工具绘制出处理范围。

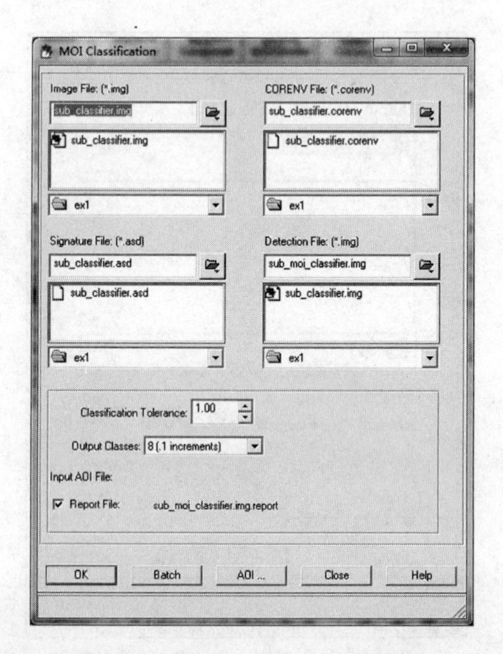

图 10-9　MOI Classification 对话框

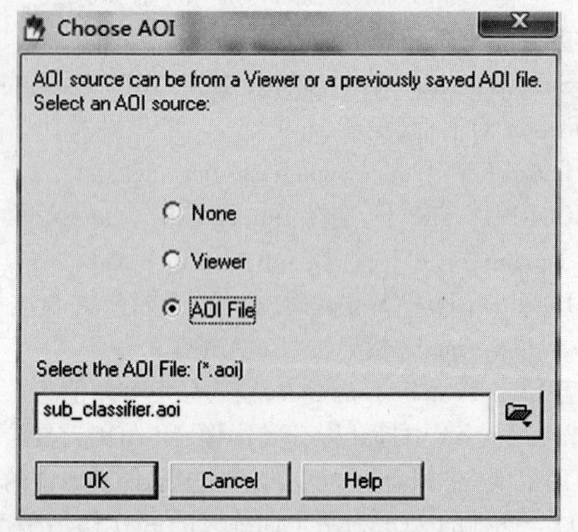

图 10-10　Choose AOI 对话框

(8)在 AOI Source 对话框中选择“OK”。

(9)在 Output Classes 后,接受默认值 8。

(10)选择 Report File ,产生 MOI Classification 报告。

(11)选择“OK”,运行 MOI Classification。一个表明完成的百分数的工作进度状态对话框显示出来,当状态条报告为 100% 时,选择“OK”关闭对话框。

(12)为了查看结果,在还没有显示的情况下,在 ERDAS IMAGINE 的 Viewer 中显示 sub_classifier. img。

①在 Viewer 窗口中选择“File | Open | Raster Layer”,选择包含文类结果的 sub_moi_classifier . img。

②在“Raster Option”选项中,选择 Pseudo Color 。不要勾选 CLEAR DISPLAY。

③选择“OK”预览结果(见图 10-11),将影像和分类后的结果都在 Viewer 窗口中显示出来。

图 10-11 子象元分类结果预览

(13)为了查看每个像元的分类情况以及探测的数量,选择“Raster - Attributes”,得到 Raster Attribute Editor,它显示在柱状图列表中(见图 10-12)。

(14)修改每个类型的颜色,在 Color 组上,选择颜色选择器或者选择“Other”,然后出现 Color Chooser 对话框(见图 10-13)。

(15)选择“Close”,退出 MOI Cllassfication。

Raster Attribute Editor - sub_moi_classifier.img(:sub_classifier.asd.sig0)

File Edit Help

Layer Number: 1

Row	Histogram	Class Names	Opacity	Color	Red	Green	Blue
0	0		0		0	0	0
1	0	0.20 - 0.29	1		1	1	0
2	1	0.30 - 0.39	1		1	0.85	0
3	6	0.40 - 0.49	1		1	0.71	0
4	7	0.50 - 0.59	1		1	0.57	0
5	5	0.60 - 0.69	1		1	0.43	0
6	3	0.70 - 0.79	1		1	0.28	0
7	25	0.80 - 0.89	1		1	0.14	0
8	111	0.90 - 1.00	1		1	0	0

图 10-12 像元的分类情况

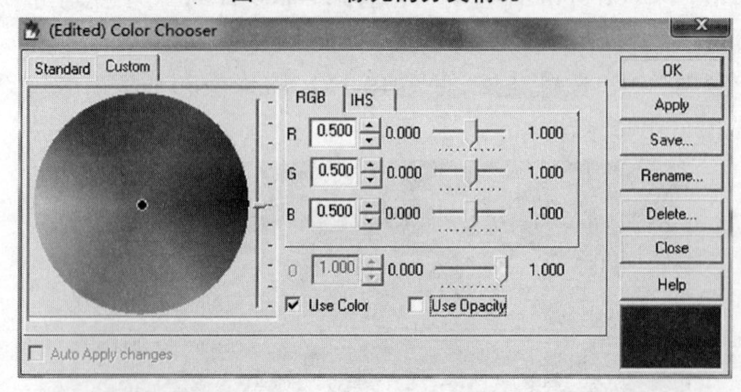

图 10-13 Color Chooser 对话框

10.2.3.6 分类结果比较

对比图像的结果,如图 10-14 所示,右图的 A、B、C 三个典型区域,其中区域 A 对应分类特征的训练集像元,区域 B 和区域 C 对应检测出子象元的的区域。

区域 A 包含草地比例的多数像元都被正确分类,位于该区域边缘的其他像元,被认为包含草的比较低。区域 B 和区域 C 在图像上对应为草地,这些草地颜色不同表明草的情况不同。不是所有的草地都被认为是草,只有与训练集位置相似的草被分类为草,有些草地区域的像元包含有销路、停车场和裸地等,在分类时,认为这些像元包含的草比例较低。

图 10-14　分类结果比较

就上述关于草地的分类而言:利用传统监督分类与分类特征提取方法,将产生包含更多变化的草地分类特征,分类结果将包含更多的草地变化类型;而子象元分类结果则只包括训练集像元中共有的特定草地类型。

练习题

1. 在进行子象元分类时,训练集的选择应注意哪些问题?比较子象元分类的效果与第 8 章中影像分类结果,并讨论其差异。

2. 什么是子象元分类?它有什么特点?相对于非监督分类和监督分类,它的区别在哪里?三者之间各有什么样的优点和缺点?

第 11 章　空间建模工具

11.1　实习内容及要求

ERDAS 空间建模工具是一个面向目标的模型语言环境,在这个环境中,可以运用直观的图形语言在一个页面上绘制流程图,并定义分别代表输入数据、操作函数、运算规则和输出数据的图形,从而生成一个空间模型。一个空间模型是由 ERDAS 空间模型组件构成的一组指令集,这些指令可以完成地理信息和图像处理功能。

通过本章的学习,要求掌握以下两点:

(1)掌握空间建模工具的使用方法。

(2)能够运用空间建模的方法解决实际问题。

11.2　空间建模图形处理

11.2.1　实验原理

空间建模工具由空间建模语言、模型生成器和空间模型库三个既相互关联又相对独立的部分构成。空间建模工具可以创建程序模型和图形模型。程序模型应用空间建模语言编写,图形模型是应用模型生成器建立的。图形模型有着共同的基本结构:输入→函数→输出。基本图形模型只有一个输入、一个函数和一个输出组成,而复杂图形模型包含若干输入、若干函数和若干输出,输入和输出是相互转化的。

图形模型的形成过程通常要经过六个基本步骤:①明确问题;②放置图形对象;③定义对象;④连接对象;⑤定义函数操作;⑥运行模型。

11.2.2 实验数据

郑州市谷歌地球影像数据。

文件路径:Chap2/Ex1。

文件名称:zjs. img。

11.2.3 实验过程

以影像的卷积增强为例,来说明图像处理的空间建模方法。

(1)打开 Spatial Modeler 对话框,如图 11-1 所示。

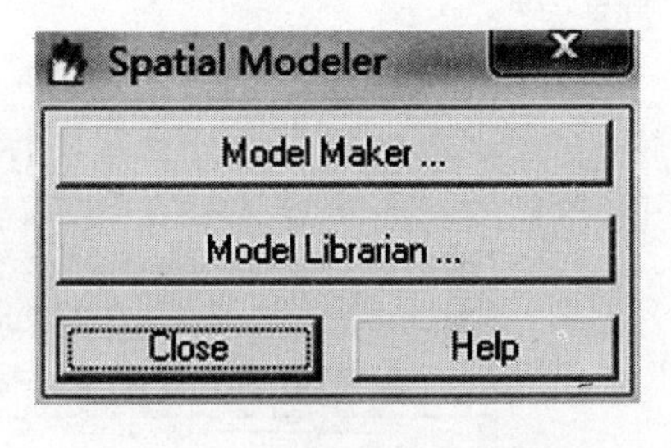

图 11-1 Spatial Maker 对话框

方法一:在菜单栏选择 Main | Spatial Maker…。

方法二:在图标面板上选择 Modeler。

(2)选择创建模型(Model Maker…),弹出模型创建环境,如图 11-2 所示。

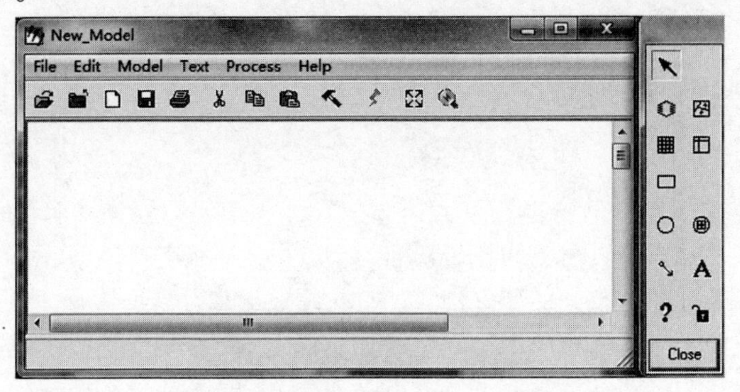

图 11-2 模型创建窗口及工具面板

(3)添加图形对象。

①在工具面板中选择栅格图标,在绘图窗口中单击,添加一个栅格图形。

②在工具面板中选择矩阵图标,在绘图窗口中单击,添加一个

矩阵图形。

③在工具面板中选择函数图标，在绘图窗口中单击，添加一个函数图形。

④在工具面板中选择栅格图标，在绘图窗口中单击，添加一个栅格图形。

⑤在工具面板中选择选择图标，调整图像对象的位置。

⑥在工具面板中选择连接图标，在绘图窗口绘制连接线，形成图形模型的基本框架，如图 11-3 所示。

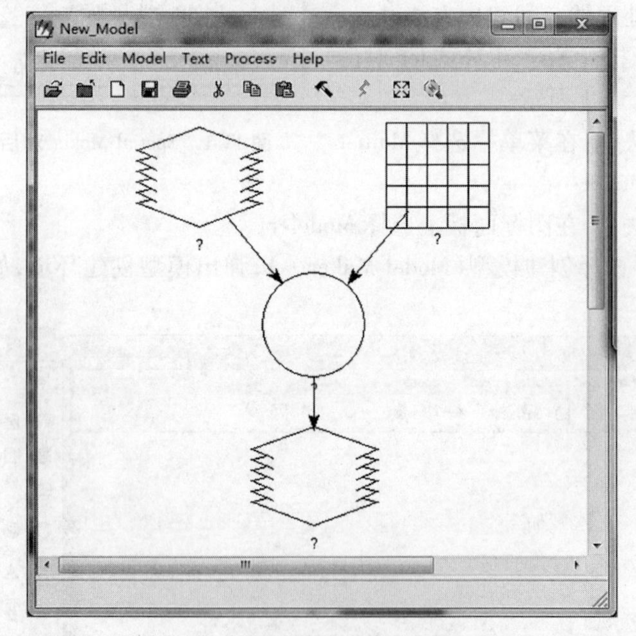

图 11-3　图形模型的基本框架

(4)定义参数与操作。

①在绘图窗口双击左上方栅格图形，打开 Raster 对话框，如图 11-4 所示。

②选择输入图像 zjs. img。

③单击“OK”按钮，返回绘图窗口。

④双击绘图窗口右上方的矩阵图形，打开 Matrix Definition 对话框

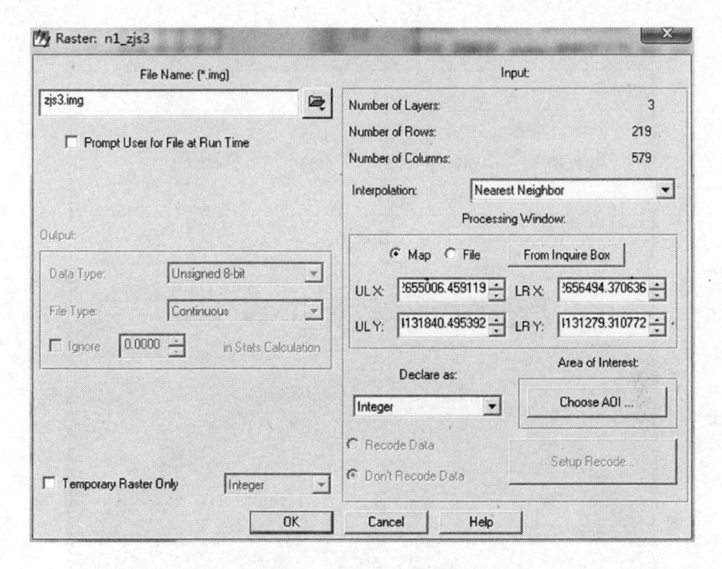

图 11-4　Raster 对话框

(见图 11-5)及卷积核矩阵表格(见图 11-6)。

⑤在 Matrix Definition 对话框中设置内置卷积核(Kernel)为 Summary,其他参数为默认。

⑥单击“OK”按钮,返回绘图窗口。

⑦双击绘图窗口中的函数图形,弹出 Function Definition 对话框,如图 11-7 所示。

⑧函数类型确定为 Analysis,卷积函数选择 CONVOLVE(< raster > , < kernel >)。

⑨CONVOLVE 函数中 < raster > 参数定义为 $n1_zjs3, < kernel > 参数定义为$n2_Summary,如图 11-7 所示。

⑩单击“OK”按钮,返回绘图窗口。

⑪双击最下方的栅格图形,打开 Raster 对话框(见图 11-8)。

⑫定义输出图形的名称为 zjs3_summary. img。

⑬在 Raster 对话框中选择输出统计忽略零值:Ignore 0. 0 in Stats Calculation,其他参数保持不变。

⑭单击“OK”按钮,返回绘图窗口(见图 11-9)。

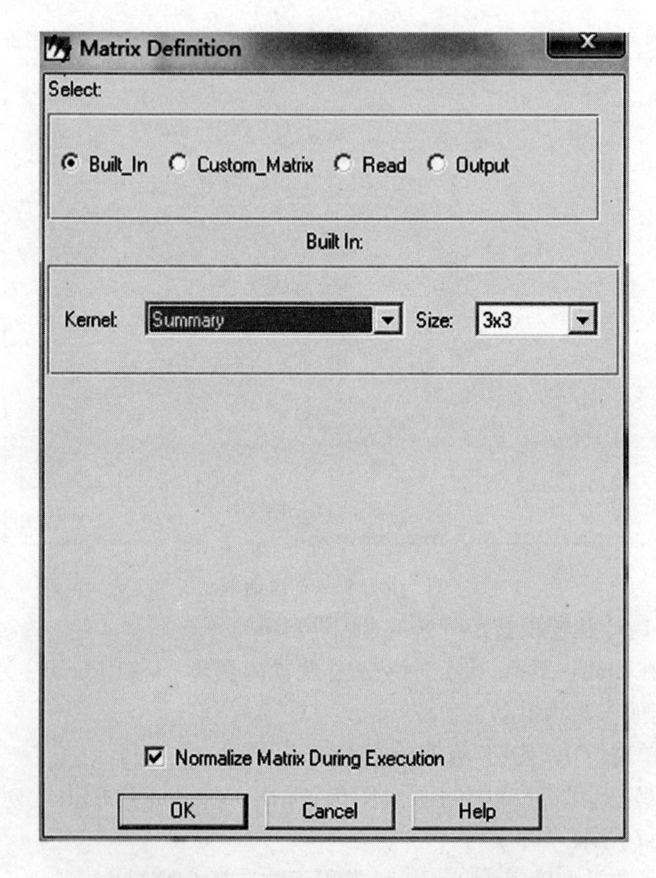

图 11-5　Matrix Definition 对话框

Matrix

Row	1	2	3
1	00000000	-1.000	-1.000
2	-1.000	10.000	-1.000
3	-1.000	-1.000	-1.000

图 11-6　卷积核矩阵

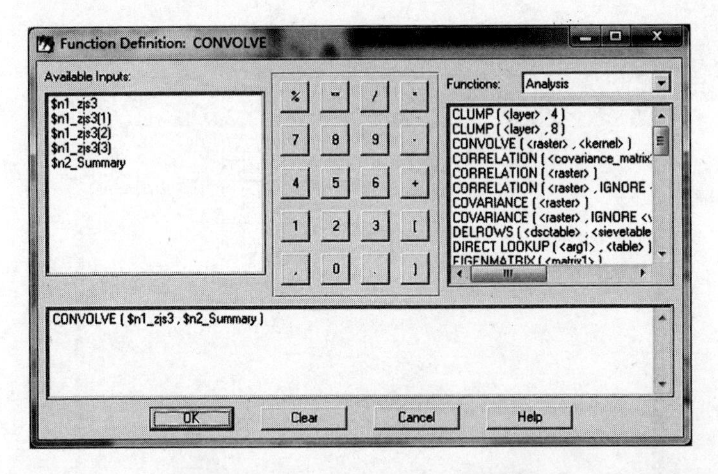

图 11-7　Function Definition 对话框

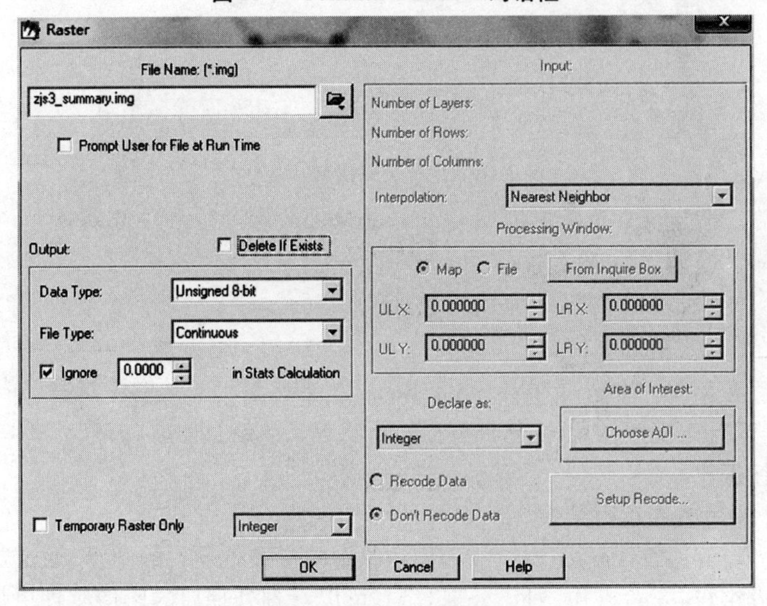

图 11-8　Raster 对话框

(5)保存模型。

①在绘图窗口工具栏中选择保存按钮或者在菜单栏中选择“File | Save As”命令,弹出 Save Model 对话框(见图 11-10)。

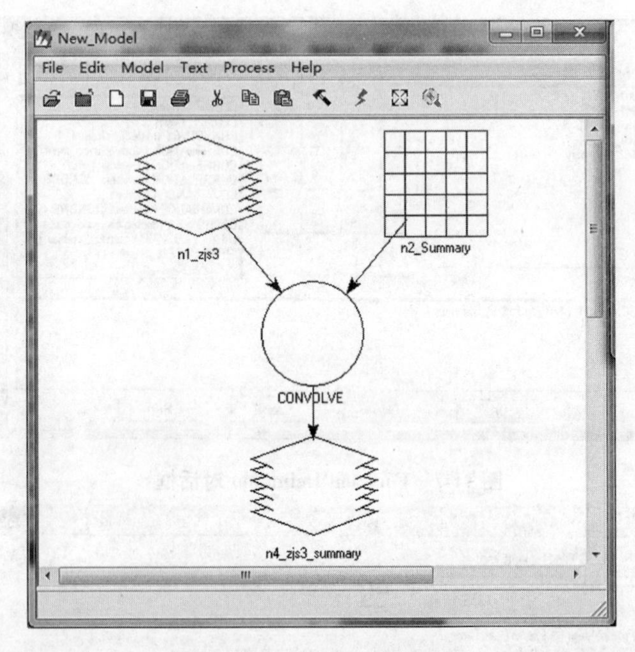

图 11-9　定义后的模型框架图

②确定保存为图形模型 Graphical Model,保存目录为 Models。

③模型名称定义为 zjs_summary. gmd。

④单击“OK”按钮,完成模型保存。

(6)运行图形模型。

在菜单栏中选择“Process | Run”命令或者在工具栏中选择⚡按钮,运行该模型,屏幕上出现模型运行状态条。运行完成后,单击“OK”按钮退出。

(7)查看运行结果。

打开一个 Viewer 窗口叠加显示原始图形和处理后的图形,通过窗口卷帘(Swipe)操作,对比处理效果,可以看到处理后的影像纹理更加清晰(见图 11-11,(a)为处理后结果,(b)为原影像数据)。

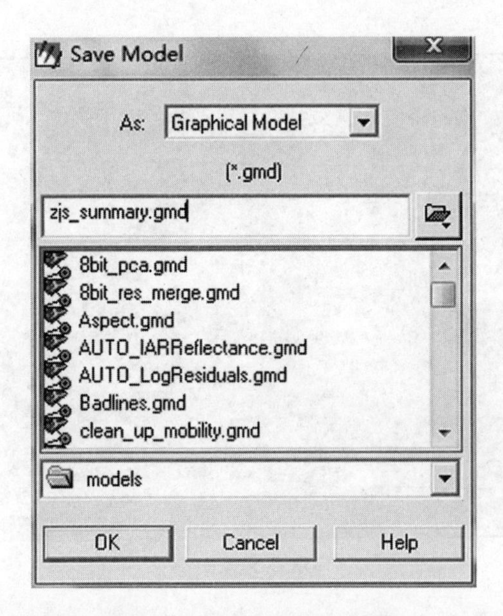

图 11-10　Save Model 对话框

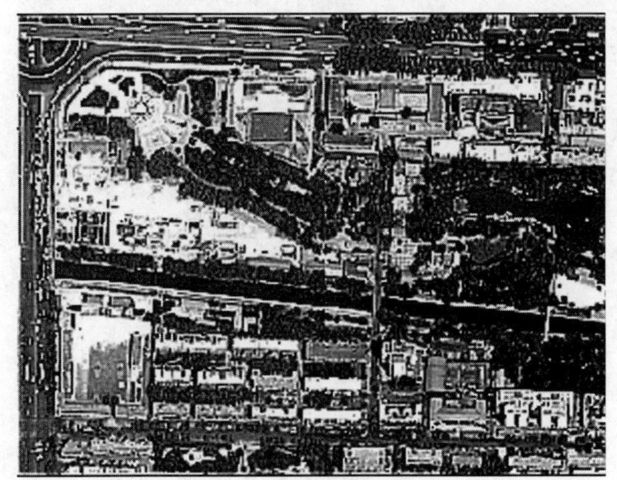

(a) 处理后结果

图 11-11　空间模型处理结果对比

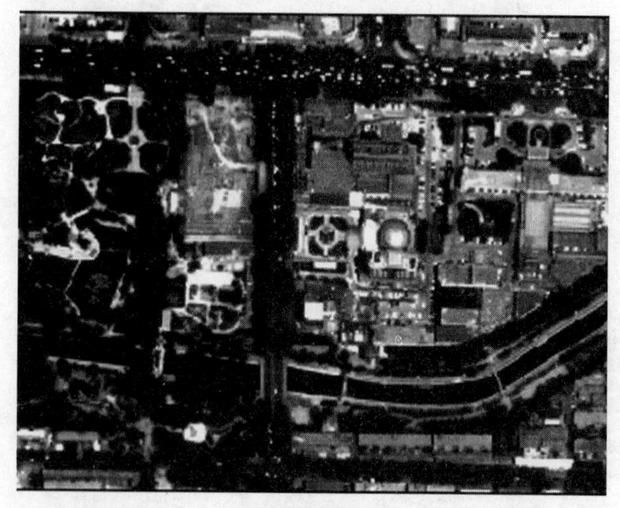

(b) 原影像数据

续图 11-11

练习题

1. 选择不同的卷积核矩阵,对比处理效果,并思考其中的原因。

2. 和软件卷积增强命令相比,采用空间建模的方法进行卷积增强有什么特殊之处?

参 考 文 献

[1] 党安荣,王晓栋,陈晓峰,等. ERDAS IMAGINE 遥感图像处理方法 [M]. 北京:清华大学出版社,2003.

[2] 闫利,邓非,李妍,等. 遥感图像处理实验教程 [M]. 武汉:武汉大学出版社,2010.

[3] 梅安新,彭望琭,秦其明,等. 遥感导论 [M]. 北京:高等教育出版社,2008.

[4] 韦玉春,汤国安,杨昕,等. 遥感数字图像处理教程 [M]. 北京:科学出版社,2011.

[5] 濮静娟,等. 遥感图像目视解译原理与方法 [M]. 北京:中国科学技术出版社,1992.

[6] 彭望琭. 遥感数据的计算机处理与地理信息系统 [M]. 北京:北京师范大学出版社,1991.

[7] 王润生. 图形理解 [M]. 长沙:国防科技大学出版社,1995.

[8] 张永生. 遥感图像信息系统 [M]. 北京:科学出版社,2000.

[9] 孙家炳. 遥感原理与应用 [M]. 武汉:武汉大学出版社,2003.

[10] 王海晖,彭嘉雄,吴巍,等. 多源遥感图像融合效果评价方法研究 [J]. 遥感学报,2002,6(3):33-37.

[11] 赵英时. 遥感应用分析原理与方法 [M]. 北京:科学出版社,2003.

[12] 胡振琪,陈涛. 基于 ERDAS 的矿区植被覆盖度遥感信息提取研究——以陕西省榆林市神府煤矿区为例 [J]. 西北林学院学报,2003,25(2):59-64.

[13] 高海东,王涛. ERDAS IMAGINE 空间建模参数客户化的实现方法 [J]. 测绘与空间地理信息,2009,32(1):120-122.

[14] 刘峻杉,杨光华. ERDAS 的三维地形可视化及其应用 [J]. 西华师范大学学报,2008,29(3):307-312.

[15] 马晶,邱发富,吴铁婴,等. ERDAS 空间建模应用研究 [J]. 测绘通报,2012(12):11-14.

[16] 吴孔江,曾永年,靳文凭,等. 改进利用蚁群规则挖掘算法进行遥感影像分类 [J]. 测绘学报,2013,42(1):59-66.

[17] 谌一夫. 高分辨率遥感影像几何纠正方法 [J]. 地理空间信息,2012,10(5):5-7.

[18] 马一薇. 高光谱图像融合技术与质量评价方法研究 [D]. 解放军信息工程

大学,2010.
[19] 徐占华,陈晓玲,李毓湘. 基于 ArcGIS 与 ERDAS IMAGINE 的三维地形可视化 [J]. 测绘信息与工程,2005,30(1):3-4.
[20] 李燕,闫琰,董秀兰,等. 基于 ERDAS IMAGINE 的三维地形可视化 [J]. 北京测绘,2010(4):18-19.
[21] 刘磊,周军,田勤虎,等. 基于 ERDAS IMAGINE 进行 ETM 影像几何精校正研究——以新疆阿热勒托别地区为例 [J]. 遥感技术与应用,2007,22(1):55-58.
[22] 陈春叶. 基于 ERDAS IMAGINE 遥感影像图的几何精纠正 [J]. 测绘与空间地理信息,2010,33(3):71-73.
[23] 李小曼,王刚. 基于 ERDAS IMAGINE 的 TM 影像中较小水体识别方法 [J]. 计算机应用与软件,2008,25(4):215-216.
[24] 王崇倡,郭健,武文波. 基于 ERDAS 的遥感影像分类方法研究 [J]. 测绘工程,2007,16(3):31-34.
[25] 梁亮,杨敏华,李英芳. 基于 ICA 与 SVM 算法的高光谱遥感影像分类 [J]. 光谱学与光谱分析,2010,30(10):2724-2728.
[26] 任广波,张杰,马毅,等. 基于半监督学习的遥感影像分类训练样本时空拓展方法 [J]. 国土资源遥感,2013,25(2):87-94.
[27] 孙建国,杨树文,段焕娥,等. 基于光谱和纹理特征的山区高分辨率遥感影像分类 [J]. 测绘科学,2009,34(6):92-93.
[28] 赵筱榕,刘津. 基于控制点影像数据库的国产卫星影像几何纠正 [J]. 测绘通报,2013(8):61-64.
[29] 姜友谊. 基于遥感影像的农村宅基地地籍测量方法研究 [J]. 测绘通报,2013(2):31-33.
[30] 陈超,江涛,刘祥磊. 基于缨帽变换的遥感图像融合方法研究 [J]. 测绘科学,2009,34(3):105-106.
[31] Qiao Cheng, Shen Zhanfeng, Wu Ning, et al. Remote sensing image classification method supported by spatital adjacency [J]. Journal of Remote Sensing, 2011, 15(1):88-99.
[32] 乔玉良,尚彦玲,魏信. 遥感图像融合方法研究 [J]. 气象与环境科学,2010,33(1):73-76.